AF464994

HALLES CENTRALES

D'APPROVISIONNEMENT.

EXAMEN COMPARATIF

du Projet de l'Administration approuvé en 1845 et du Projet de M. Horeau.

RÉPONSE AU MÉMOIRE DE M. SENARD.

« De *toutes les administrations* qui se sont succédé
» et qui ont eu en vue d'améliorer les Halles ou de les
» agrandir, *aucune n'a eu l'idée de les déplacer.* »

(*Rapport fait au Conseil municipal le 28 Février 1845 par* M. BOUTRON, *page* 22.)

« Les Halles actuelles sont dans la position où il
» *faudrait les placer s'il s'agissait de les créer.* »

(*Même Rapport, page* 32.)

« Le projet adopté en 1845 est de nature à répondre
» aux *exigences de tous les services*, à pourvoir à *toutes*
» *les nécessités de notre époque.* »

(*Même Rapport, page* 96.)

30 AVRIL 1850.

AVANT-PROPOS.

Forts de leur droit, confians dans la justice de leur cause, les propriétaires, locataires, industriels et commerçans, intéressés au maintien des Halles Centrales sur leur emplacement actuel, avaient cru jusqu'alors devoir garder le silence. L'abandon d'un projet aussi longuement, aussi sérieusement étudié que celui de 1845, leur semblait chose absolument impossible, surtout après les sept millions d'expropriations consommées avant la Révolution de Février, après le vote récent du Conseil Municipal qui consacrait une nouvelle somme de près d'un million à la continuation des expropriations en 1850.

Ils ne pouvaient croire qu'on songeât à reprendre, avec quelques chances de succès, une discussion véritablement épuisée; et cela, dans le but d'intéresser l'Administration en faveur d'un projet repoussé en toute connaissance de cause en 1845.

Ce silence, qui n'était qu'une confiance respectueuse et illimitée envers l'Administration et dans les décisions de la loi, on l'a pris pour de l'indifférence, pour une adhésion tacite au projet de M. Horeau : on a osé dire, écrire et répéter sur tous les tons que cette absence de réclamations des intérêts privés était la consécration la plus complète de la supériorité de ce projet.

Démarches de toute espèce, sollicitations de toute nature, séances quotidiennes au Palais National, rien n'a été épargné pour égarer l'opinion publique.

Néanmoins, les intéressés à la continuation du projet de 1845 auraient peut-être hésité encore à rompre le silence, s'il ne se fût agi que de leurs intérêts privés; ils savent bien que l'intérêt général est la loi suprême en matière de travaux publics. Mais une étude approfondie du projet Horeau leur a démontré que l'adoption de ce projet aurait des conséquences désastreuses pour la Ville de Paris, et dès-lors c'était aussi pour eux un devoir sacré de faire connaître leur opinion.

Pour qu'aucun doute ne pût être élevé à cet égard, une réunion de tous les intéressés a été décidée; elle a eu lieu le 16 avril, et environ cinq cents personnes y ont assisté. A l'unanimité, l'Assemblée a nommé une Commission de neuf membres, avec mission de réfuter le mémoire publié par M. Senard sur le projet de M. Horeau, et d'obtenir de l'Administration Municipale la continuation de l'exécution du projet de 1845.

Tel est le double but de cette réponse à M. Senard.

Les Membres de la Commission :

Blondel, Cure, Demouy fils, Grenet, Lelièvre, Noireau, général Perrin, Rogère-Préban et Vian.

SOMMAIRE.

Pages.

HALLES CENTRALES

D'APPROVISIONNEMENT.

§ 1er. État de la question.

Après trente-cinq ans de recherches, d'études, de travaux, un projet a été conçu pour agrandir, améliorer, asseoir sur des bases convenables l'établissement des Halles Centrales de Paris; ce projet, examiné d'abord par une commission spéciale composée d'hommes *pratiques et éclairés*, au nombre de vingt et un (1), puis remanié par M. le Préfet de Police, a obtenu l'assentiment de M. le Préfet de la Seine et de la Commission Administrative des Halles, comme remplissant *toutes les conditions du service journalier;* soumis au Conseil Municipal le 18 juillet 1844, il a été, dès le 19 du même mois, renvoyé à l'examen d'une Commission de neuf membres, qui n'a pas consacré moins de sept mois à l'étude sérieuse de toutes les questions si graves soulevées à ce sujet; et le 28 février 1845, sur le rapport si net, si lucide, si remarquable de cette Commission, le projet de construction des Halles Centrales d'approvisionnement a été approuvé par le Conseil Municipal

(1) Rapport de M. Boutron, pages 8 et 9.

dans une délibération longuement motivée, où tous ses avantages se trouvent établis d'une manière irréfutable.

Sur l'avis favorable du Conseil des Bâtimens Civils, approuvé par M. le Ministre de l'Intérieur, et, conformément à une délibération du Conseil d'État, une Ordonnance Royale du 17 janvier 1847 est intervenue pour donner une sanction définitive à un projet si longuement élaboré, qui répondait si bien aux *exigences de tous les services* des Halles, à *toutes les nécessités de l'époque* (1).

Cette sanction obtenue, l'Administration Municipale ne perdit pas un instant pour réaliser une amélioration si vivement désirée; dès le mois de décembre 1847, elle fit commencer les expropriations, qui depuis n'ont pas été interrompues, malgré les événemens politiques et la pénurie qui s'en est suivie dans les ressources de la Ville.

Le nouvel îlot de maisons, qui vient d'être acquis tout récemment, porte à huit millions environ les dépenses déjà faites pour la réalisation du projet dont il s'agit.

En présence de tels précédens, de telles garanties, de tels sacrifices déjà faits, il doit sembler à tous les esprits impartiaux et sérieux que toute discussion est terminée, que l'œuvre commencée va s'accomplir sans obstacle, et que la Ville de Paris sera bientôt appelée à jouir des bienfaits que doit procurer à ses habitans la construction des Halles Centrales.

Eh bien! non : il est des ambitions que rien n'arrête, des intérêts de spéculation qui ne respectent rien, ni les droits acquis, ni la chose jugée, ni les faits accomplis. Sous prétexte d'intérêt public, on prétend qu'il faut abandonner le projet *approuvé*, pour le remplacer par un projet conçu, déposé, examiné et *rejeté en* 1845, par le projet de M. Horeau. Comme si, depuis cinq ans, tout était changé dans la Ville de Paris; comme si les conditions à remplir pour l'établissement des Halles Centrales étaient devenues toutes différentes; ou bien, comme si les hommes éminens, graves et désintéressés, qui, jusqu'à ce jour, se sont occupés de cette affaire, et ont fini par trouver, dans le projet de

---

(1) Rapport de M. Boutron, page 96.

l'Administration, la solution réelle de toutes les difficultés qu'elle soulève, avaient systématiquement fermé les yeux à la lumière ; comme si M. Horeau avait été condamné par une Administration ignorante, et devait tenir à honneur de se réhabiliter auprès d'une Administration nouvelle.

Sollicitations, démarches, séances au Palais-National, rien n'a été épargné pour égarer l'opinion publique. Les mauvaises causes ont besoin d'être soutenues par des défenseurs habiles : on a choisi, pour faire l'apologie du projet Horeau, un avocat célèbre, mais étranger à la Ville de Paris, à ses besoins, à ses intérêts municipaux, qui, ébloui par des apparences trompeuses, séduit par des dehors flatteurs, par la beauté extérieure des dessins, des plans en relief, a prêté, en toute conscience, l'appui de son talent à une œuvre dont le moindre défaut serait peut-être, en ruinant tout un quartier de Paris, d'engager pour un demi-siècle les finances de la Ville.

Mais heureusement une étude approfondie du projet Horeau permet d'en rendre les imperfections évidentes à tous les yeux, et on peut, quand on a pour soi la raison et le bon droit, convaincre rien que par le simple et clair exposé des faits.

§ 2. État actuel des Halles.

Tout le monde est d'accord sur la nécessité impérieuse de construire les Halles Centrales; le Conseil Municipal l'a reconnue en 1845, et personne ne l'a contestée depuis. Il était donc tout au moins inutile d'exagérer, comme l'a fait M. Senard (1), les inconvéniens de l'état de choses actuel : ils sont graves, très-graves même, mais pourtant il s'en faut que les déchargemens de beurre, d'œufs et de poisson ne puissent s'opérer ; que les vendeurs, acheteurs et porteurs se heurtent, se bousculent, s'écrasent ; que les rues soient transformées en latrines publiques, etc. Non, le centre de Paris n'en est pas réduit à cet excès de honte. Au reste, quelle qu'ait été l'intention dans laquelle on a ainsi chargé les couleurs du tableau, on arrive forcément à cette conclusion, qu'il faut aviser aux moyens qui doivent assurer la

(1) Mémoire de M. Senard, pages 5, 6 et 7.

plus prompte, la plus sûre exécution des Halles Centrales ; et, par ce qui va suivre, on jugera si, même à ce point de vue, le projet Horeau présente la moindre supériorité sur le projet de l'Administration.

§ 3. Plans proposés de 1811 à 1845.

De ce que le projet de l'Administration, aujourd'hui en cours d'exécution, a maintenu les Halles dans l'emplacement où elles existent depuis plusieurs siècles, où l'Empereur voulait les voir, en 1811, agrandies et améliorées; de ce qu'en 1845 on a eu le bon esprit d'attribuer une grande valeur aux vues de ce Génie universel d'un coup-d'œil si sûr, ainsi qu'à toutes les études faites depuis trente-cinq ans, on insinue que le projet approuvé est vieux de quarante années, qu'il ne satisfait plus aux besoins de l'époque, et « que (1) ce n'est pas seulement le » manque de fonds qui s'oppose à la reprise de ce projet, mais que » des objections graves, puisées dans les élémens même qui le » constituent, doivent le faire rejeter *définitivement*, etc. »

Mais d'abord, on oublie que, jusqu'à présent, il n'y a eu de rejeté, *définitivement ou non*, que le projet Horeau ; et que, quant au projet approuvé par le Conseil Municipal en 1845, il a reçu toutes les sanctions légales ; et, quoi qu'on en dise, ce sont si bien les circonstances financières qui s'opposent, non pas à la reprise de ce projet (il n'a jamais été abandonné, et le 15 avril 1850 on expropriait encore un îlot de maisons), mais à son exécution rapide, que, en février 1848, dix-sept millions (2) avaient été déposés au Trésor par la Ville avec cette destination spéciale ; et que, sans la crise financière qui date de deux années, l'exécution en serait tellement avancée que M. Horeau n'oserait élever la voix.

La défense la plus éloquente, la plus vraie, la plus complète qui puisse être faite du projet de l'Administration, a été écrite en 1845 ; qu'on lise le rapport de M. Boutron, et on verra si M. Senard est bien venu à dire qu'il (3) s'agit d'un projet bon tout au plus en l'année 1811, où Paris ne comptait que six cent mille âmes, etc.

---

(1) Mémoire de M. Senard, page 9.
(2) Mémoire de M. Senard, page 49.
(3) Mémoire de M. Senard, page 10.

Nous ne cesserons de le répéter, le projet en cours d'exécution n'a été arrêté qu'en 1845, après les études les plus consciencieuses; et, à cette époque, une Commission du Conseil Municipal, composée des hommes les plus compétens en la matière, disait par l'organe de son rapporteur (1) :

« Qu'elle avait acquis la *certitude* que les constructions qu'on allait » faire, les dispositions qu'on allait prendre, étaient de nature à » répondre aux *exigences de tous les services*, à pourvoir à *toutes les* » *nécessités de notre époque.* »

Ceci bien entendu, passons aux critiques de détail.

Il est inutile de s'arrêter, plus que ne l'a fait M. Senard (2), sur les inconvéniens devant résulter du voisinage de l'église Saint-Eustache, sur les difficultés de la communication établie entre la grande place et le marché des Innocens, ainsi que sur l'irrégularité des pavillons et sur quelques-unes de leurs distributions.

La rue Traînée doit avoir de 30 à 40^{m} de largeur; la rue des Prouvaires prolongée laissera un espace de 35^{m} entre les pavillons voisins : on peut donc être complètement rassuré; aucun tumulte ne troublera les cérémonies de l'Église, et l'espace ne manquera pas pour bien voir un monument qui, nous le reconnaissons, a été trop longtemps dérobé aux regards et à l'admiration des connaisseurs. Ce monument sera d'autant mieux en vue qu'il dominera de plus de 30^{m} les pavillons des Halles.

Entre l'angle de la Halle aux draps et le pan coupé projeté sur la rue aux Fers, la distance est encore de 35^{m} au moins : la circulation y sera donc très-facile.

Quant aux détails des pavillons, il ne faut, pour en juger, s'en rapporter ni à l'avant-projet de 1845, rédigé pour répondre à un programme beaucoup trop restreint, ni à l'image inexacte qui en a été faite sur le plan en relief du Palais-National, pour l'opposer à la magnificence développée dans la représentation des pavillons de M. Horeau. Les architectes chargés des constructions que comporte le

(1) Rapport de M. Boutron, page 96.
(2) Mémoire de M. Senard, page 11.

projet de l'Administration, MM. Baltard et Callet, ont déposé en juillet 1848 un projet définitif où toutes les imperfections de détail de l'avant-projet de 1845 ont disparu.

Mais on attaque vivement l'emplacement adopté en 1845, et cette question, sans contredit la plus importante de toutes, puisqu'elle décide toutes les autres, mérite d'être examinée avec soin.

On trouve cet emplacement mauvais par les raisons suivantes (1) :

« 1° Il maintient les Halles sur un point tout à fait *central* de la rive » droite, dont l'accès resterait d'une longueur et d'une difficulté *ex-* » *trêmes* pour les habitans de la rive gauche ;

» 2° Les nouvelles Halles ne toucheraient par aucun côté à aucune » grande voie de communication, et il y aurait encombrement à la » pointe Saint-Eustache qu'il s'agit de dégager ;

» 3° De tous les autres côtés, les Halles seraient enclavées dans des » îlots de maisons percés de rues étroites qui s'encombrent facile- » ment, et que les voitures des vendeurs et acheteurs seraient obligés » de traverser, même pour gagner les quais sur lesquels le stationne- » ment doit toujours avoir lieu ;

» 4° Enfin, le service des tombereaux de nettoiement continuerait à » se faire au grand préjudice de la circulation et de la salubrité. »

Voilà les objections dans toute leur force ; en voici la réfutation :

1° L'emplacement actuel des Halles, conservé dans le projet approuvé en 1845, n'est pas un point tout-à-fait *central* par rapport à la rive droite, mais bien *central* par rapport à la Ville de Paris tout entière. Et en effet, (2) « quand on prend un plan de Paris, on voit que » le centre de la Ville est à peu près au Pont-Neuf, et le centre de la » population à la place des Victoires : les Halles actuelles occupent » environ le point milieu entre ces deux centres ; elles sont donc *dans* » *la position où il faudrait les placer s'il s'agissait de les créer.* » C'est par cette raison capitale que les Halles n'ont pas changé de position depuis leur création qui date de plusieurs siècles, et que leur extension successive s'est toujours faite sur le même point ; c'est pour cela

(1) Mémoire de M. Senard, pages 11 et 12.
(2) Rapport de M. Boutron, page 32.

que (1) « de *toutes* les Administrations qui se sont succédé et qui » ont eu en vue d'améliorer les Halles ou de les agrandir, *aucune n'a* » *eu l'idée de les déplacer.* »

Et, s'il y avait lieu à déplacement, à n'en pas douter ce serait vers le Nord et non vers le Sud qu'il faudrait se reporter, puisque le centre de la population est déjà au Nord de l'emplacement actuel et tend chaque jour à s'en éloigner dans cette direction; puisque (2) « plus des » trois cinquièmes des objets d'approvisionnement de Paris arrivent » aux Halles par les barrières de la rive droite » et spécialement par celles du Nord.

L'emplacement actuel est donc l'emplacement *normal, rationnel*, et c'est à juste titre qu'il a été maintenu.

Quant à l'accès des habitans de la rive gauche que l'on dit devoir être d'une *longueur et d'une difficulté extrêmes*, il se fera, soit par le Pont-Neuf, les rues du Roule et des Prouvaires, soit par le Pont-au-Change et la rue Saint-Denis; par la première voie, qui sera sans contredit la plus fréquentée, la distance est sensiblement la même pour arriver au Centre des Halles dans l'un ou l'autre projet; par la seconde voie, il est évident que l'avantage du projet Horeau, pour les provenances du Sud et de la rive gauche, est égale à la distance qui sépare les Centres des deux systèmes de Halles, c'est-à-dire environ à 450m; mais, d'autre part, les provenances du Nord, bien autrement nombreuses, auraient à parcourir en plus la même distance.

Cet argument n'a donc aucune valeur.

2° « Les nouvelles Halles ne touchent à aucune grande voie de com- » munication, il y aura encombrement à la pointe Saint-Eustache. »

Le Rapport de M. Boutron atteste le contraire; on y lit à la page 42 :

« Dans ce système, la part de la circulation générale est *largement* » *faite* par les rues qui pourront lui être ouvertes à tous les instans du » jour et de la nuit, sans interruption et dans *tous les sens.* »

Il suffit d'ailleurs de jeter les yeux sur un plan de Paris pour voir si un établissement public peut avoir des accès plus nombreux. On arrive aux

---

(1) Rapport de M. Boutron, page 22.
(2) Rapport de M. Boutron, page 33.

Halles à volonté par la rue Coquillière, prolongement de la rue Neuve-des-Petits-Champs ; par les rues Montmartre, Montorgueil, prolongement du faubourg Poissonnière ; par les rues Rambuteau, Saint-Denis, Aubry-le-Boucher, prolongement de la rue Sainte-Croix-de-la Bretonnerie ; enfin par les rues des Prouvaires et Saint-Honoré : que veut-on de plus? Ainsi divisée, la circulation, quelqu'active qu'elle soit, est-elle à craindre? Donnera-t-elle lieu à des encombremens, spécialement à la pointe Saint-Eustache, où existe un carrefour qui n'a pas moins de 50^{m} de longueur et de largeur moyenne? Évidemment non.

3° Le paragraphe qui précède répond déjà au troisième grief. Neuf grandes artères, qui aboutissent aux Halles, empêchent que l'on soit fondé à dire que *« de tous les côtés, autres que celui de Saint-Eustache, » on ne voit que des îlots de maisons percés de rues étroites. »*

D'ailleurs, au-delà de son périmètre, le projet Horeau est exactement dans les mêmes conditions, et, si c'est là un défaut, il est commun aux deux projets. Mais ces rues n'ont aucun inconvénient, puisque désormais elles ne doivent être d'aucun usage pour le service direct des Halles.

4° Quant à l'emploi des tombereaux de nettoiement, c'est un point qui sera mieux traité lorsqu'on s'occupera du mode que M. Horeau propose de lui substituer; l'on se borne à dire, quant à présent, que ce mode impossible (économiquement parlant, bien entendu) serait, quand même son installation ne rencontrerait aucun obstacle, d'une exploitation dispendieuse et nuisible à la fois aux intérêts de la Ville de Paris et à ceux des cultivateurs de la Banlieue.

§ 4. Projet Horeau.

Nous arrivons maintenant, en suivant M. Senard, à l'examen du projet Horeau. Voyons si l'on est en droit de dire :

« (1) Que ce projet a *complétement* et *admirablement* résolu le » problème ;

» (2) Que *tout ce que* l'observation, l'expérience et l'étude *peuvent*

(1) Mémoire de M. Senard, page 14.
(2) Mémoire de M. Senard, page 19.

» indiquer ou suggérer pour l'avantage des vendeurs et des acheteurs, » comme pour l'intérêt du bon ordre, de la régularité du service et de » la salubrité, a été réalisé de la manière *la plus consciencieuse et la plus* » *complète ;*

» (1) Que le projet Horeau a une *immense supériorité* sur ceux qui » l'ont précédé ;

» (2) Qu'il est *impossible* de trouver un projet qui satisfasse, *plus* » *complétement* que le projet Horeau, à *toutes* les conditions spécia- » les à l'établissement lui-même et qui se relie *plus heureusement* aux » plans généraux d'embellissement et d'assainissement de Paris. »

S'ils peuvent éblouir les esprits entraînés simplement par l'attrait de la curiosité, ces éloges, d'une exagération inconcevable, sont peu faits pour disposer favorablement les hommes sérieux et réfléchis qui veulent étudier les questions à fond.

Fidèles à la mission que nous nous sommes imposée de combattre le projet Horeau en acceptant la discussion sur le terrain même où l'a placée M. Senard, et sans dissimuler aucune objection, nous laissons seulement de côté l'exposé du projet, et nous abordons immédiatement l'examen de ses prétendus avantages.

Situation.

M. Senard allègue (3) « que M. Horeau maintient les Halles dans » le quartier qui leur est affecté depuis des siècles. »

Et plus loin, pour les besoins d'une autre cause, il écrit :

« (4) Tout le terrain du projet Horeau, à l'exception du marché » des Innocens, se prend *en dehors* des Halles existantes. »

A moins de jouer sur les mots, il y a là une contradiction évidente. De l'état de choses actuel, M. Horeau ne conserve que l'emplacement du marché des Innocens, c'est-à-dire la partie des Halles de la plus récente création, celle qui ne date que de cinquante ans. Quant au

(1) Mémoire de M. Senard, page 19.
(2) Mémoire de M. Senard, page 47.
(3) Mémoire de M. Senard, page 19.
(4) Mémoire de M. Senard, page 29.

reste, il le déplace ; ce déplacement, c'est la ruine de tout un quartier, de plusieurs centaines de propriétaires, industriels et commerçans ; et cela, sans aucun avantage pour la Ville de Paris, sansdoute même au grand détriment de ses finances, comme on le verra plus loin.

Que l'Administration consulte les Inspecteurs des Halles, et elle sera convaincue de la réalité de ce fait matériel, impossible à nier, à savoir que le commerce des Halles, dans l'état actuel des choses, s'exerce *en totalité* dans l'espace compris entre la Pointe-Saint-Eustache et la rue de la Ferronnerie : dans certains jours exceptionnels et très-rares, on voit quelques marchands installés dans la rue Sainte-Opportune, mais jamais ils ne dépassent le cloître : au-delà il n'y a rien, et ce ne sont pas quelques voitures et charrettes déposées ou remisées dans le quartier du Chevalier-du-Guet qui peuvent autoriser à dire « que » ce quartier est affecté aux Halles depuis des siècles. »

Arrivages. — Marchés de quartier.

On croit avoir démontré plus haut que l'exécution des Halles suivant le projet approuvé, satisfait à tous les besoins de la circulation, que les communications sont faciles dans tous les sens par neuf grandes rues qui y aboutissent : ces avantages ne sont donc pas exclusivement fournis par le projet Horeau.

Stationnement.

Toutefois, on reconnaît que ce dernier projet se trouve plus à proximité du lieu de stationnement des charrettes qui, sans aucun doute, devront continuer à être placées, comme aujourd'hui, aux abords du Pont-au-Change.

L'idée du soubassement souterrain est, non pas de M. Horeau, mais bien de M. Baltard, qui, dans les études de l'avant-projet de 1845, avait cru d'abord pouvoir l'utiliser comme remise pour les charrettes; mais il a renoncé à cette pensée pour tirer un parti beaucoup plus avantageux de cet étage souterrain; et surtout à cause des obstacles que créent pour la circulation les rampes d'accès qui prennent une superficie notable sur la voie publique, à cause de l'impossibilité presqu'absolue de faire tourner les voitures au milieu des piliers et sous les voûtes d'un étage souterrain, enfin à cause du désordre inévitable qui serait la conséquence d'une telle destination.

En y réfléchissant bien, on reste convaincu qu'un soubassement, s'il est d'une grande ressource, ne peut être utilisé, ainsi que l'ont fait MM. Baltard et Callet dans le projet définitif, que comme dégagement pour le service du commerce de l'étage supérieur; ainsi pour le comptage et le mirage des œufs, pour l'abattage des poulets, pour le remisage des marchandises invendues, etc.

Au contraire, les quais présentent l'emplacement le plus favorable pour le stationnement des charrettes, que l'on y dispose par files longitudinales d'où il est très-facile de les retirer.

Si dans le projet Horeau ce point de stationnement est plus près, par sa proximité même il serait un obstacle à la circulation spéciale des Halles qui se ferait nécessairement en grande partie par les quais.

La distance des quais au centre du projet de l'Administration n'est pas assez grande pour causer un dérangement notable, et d'autre part elle est suffisante pour que le stationnement des voitures ne nuise en rien à la circulation autour des Halles: en sorte que, sous ce rapport même, le projet approuvé ne présente aucune infériorité relative. C'est d'ailleurs un point fort peu important.

Extension jusqu'à la Seine. — Transports par la Seine.

M. Senard insiste d'une manière toute particulière sur les avantages *immenses* qui doivent résulter de l'extension des Halles jusqu'à la Seine. Il prétend (1) que cette disposition permettra :

« 1° De diminuer d'une manière *très-notable* le nombre des voitures » que le service des Halles nécessite aujourd'hui; par suite de l'exécution des projets soumis à l'Administration Municipale et ayant pour but » de rendre la Seine en tout temps navigable au-dessus, au-dessous et » dans l'intérieur de Paris; par suite des entreprises de transports qui » ne manqueront pas de se former pour amener par la haute et la basse » Seine une partie *considérable* de l'approvisionnement;

» 2° D'enlever par la Seine les boues et débris des Halles, et par suite

(1) Mémoire de M. Senard, pages 21, 22 et 23.

» de supprimer les *centaines* de tombereaux employés aujourd'hui à » leur transport. »

« C'est, dit-on, la justification *la plus heureuse* de la pensée d'éta» blir les Halles au bord du fleuve : c'est la raison qui, *plus qu'aucune* » *autre*, doit décider l'Administration à accepter le projet Horeau et à » *tout mettre en œuvre* pour en assurer la prochaine exécution. . . . . . » . . . . Il n'est guère d'*inconvéniens* qu'on ne dût *accepter* pour » *conquérir* les facilités d'accès et de dégagement qui résultent ici de la » situation des Halles, et pour débarrasser la voie publique des gênes » et de l'insalubrité que le service des tombereaux de nettoiement » porte aujourd'hui dans *tout* Paris. »

On est donc admis à dire que c'est là la disposition capitale du projet, celle sur laquelle M. Horeau compte le plus pour motiver son adoption ; c'est la clef de la voûte avec laquelle, si on la démolit, doit crouler tout l'édifice.

Eh bien! rien n'est plus facile, et pour cela nous aurons recours seulement à des faits et à des chiffres.

Nous prétendons que le soubassement, l'étage souterrain, au moyen duquel M. Horeau doit réaliser toutes les merveilles annoncées par M. Senard,

1° Est économiquement *impossible*, dans les conditions où on prétend l'établir, c'est-à-dire sans des dépenses considérables auxquelles certainement on n'a pas songé ;

2° Que, fût-il exécuté, son exploitation par la Seine serait *irréalisable ;*

3° Que l'exploitation, fût-elle facile, commode, serait sans *aucune influence* sur les arrivages ; et, quant à l'enlèvement des boues, qu'elle serait *onéreuse* à la Ville de Paris ainsi qu'aux cultivateurs de la Banlieue.

En premier lieu, on ne peut songer sérieusement à mettre l'étage inférieur en communication avec la Seine, en maintenant le sol à 0^{m},50 au-dessus des *plus hautes eaux*, comme le prétend M. Horeau (1), et voici pourquoi :

---

(1) Mémoire de M. Senard, page 16.

Il résulte des observations faites sur la Seine à Paris :

1° Que la pente superficielle de ce fleuve, entre le pont de la Tournelle et le pont Neuf, est, en temps d'étiage ou de basses eaux, de. 0m,90
mais que, lors des grandes crues, elle se réduit *au plus* à. . . 0m,60

2° Que les crues, constatées (1) pendant cent dix ans au pont de la Tournelle, se sont élevées, par rapport au zéro de l'échelle de ce pont, savoir :

1 fois à.	8m,04.	
3 fois à.	7m	et au-dessus.
8 fois à.	6m,50	id.
12 fois à.	6m	id.
22 fois à.	5m,50.	id.
36 fois à.	5m	id.

En prenant pour les hautes eaux une crue de 6m,50, on reste donc dans des limites raisonnables : au pont Neuf, cette crue, en raison de la pente superficielle ci-dessus indiquée, ne correspond qu'à une hauteur de. 5m,90
au-dessus du zéro de l'échelle du pont de la Tournelle.

Pour être à l'abri du batillage des vagues, de l'influence des vents, c'est avec raison que M. Horeau, veut se tenir plus haut de. 0m,50

La hauteur sous clef de la partie voûtée de l'étage souterrain qui doit régner sous le quai et les rues, paraît avoir été fixée par M. Horeau à 4 mètres ; elle ne peut certainement être de moins de. 3m,00
car les voûtes ont sur les dessins de M. Horeau 8 mètres de largeur, et les naissances ne doivent pas être à moins de 2m,20 du sol ; en outre, pour l'épaisseur des voûtes à la clef et celle du pavage, il semble impossible de descendre au-dessous de. 1m,00

Total. 10m,40

(1) Voir le tableau A placé à la fin de ce Mémoire, page 54.

Ce total indique la cote, au-dessus du zéro de l'échelle du pont de la Tournelle, à laquelle, dans les prévisions les plus favorables, devra se trouver *au moins* le pavage des rues sur tout le pourtour du soubassement, c'est-à-dire sur l'étendue entière des Halles projetées par M. Horeau.

C'est là l'hypothèse la plus favorable ; car, rien que pour diriger les eaux dans les égouts des rues Saint-Denis et Neuve-Montmartre, il faudra établir des pentes et rampes alternatives, en sorte que la cote de 10m,40 sera forcément celle des points *les plus bas* du pavage.

Or, il suffit de se promener sur le quai de la Mégisserie, dans les rues Saint-Denis, aux Fers, de la Lingerie, des Déchargeurs, des Deux-Boules et Bertin-Poirée, c'est-à-dire sur tout le périmètre du projet Horeau, pour se rendre compte du trouble apporté par une surélévation semblable dans le niveau des rues en si grand nombre qui doivent aboutir à ce périmètre.

Des repères officiels de la Ville existent dans toutes ces rues, et on y voit inscrite, entr'autres cotes, celle qui indique le niveau de la petite plate-forme, formant le dessus du repère, en contre-haut du zéro du pont de la Tournelle. Il suffit dès-lors de mesurer la hauteur de la plate-forme du repère au-dessus du pavé pour avoir la cote du pavé: c'est ce que nous avons fait, et de nos opérations (1) il résulte que sur le quai de la Mégisserie l'exhaussement sera de 1m,29 vers le pont au Change, et de 3m,87 à l'autre extrémité, vers le pont Neuf, du projet Horeau ; que, dans le reste du périmètre, il variera entre 0m,30 et 2m,03, et sera en moyenne de 1m,486. C'est dire ce que seront les raccordemens avec les voies latérales, ce qu'ils coûteront en pavage, et surtout en indemnités aux propriétaires et locataires dont les boutiques seront enterrées.

Il est vrai qu'il ne s'agit ici que de dépenses, que de quelques millions en plus. Aussi ne nous serions-nous pas étendus si longuement sur cet article, si nous n'avions eu surtout en vue de faire connaître à l'Administration Municipale comment M. Horeau sera obligé de remanier la topographie de la Ville aux abords de ses nouvelles Halles; car il se pourrait qu'à aucun prix elle ne consentît à un bouleversement pareil.

(1) Pour les détails, voir le tableau B placé à la fin de ce Mémoire, page 55.

Mais supposons que l'Administration admette tout ce que voudra M. Horeau à cet égard, et que le soubassement soit construit, il sera *inexploitable*.

Et, en disant cela, nous ne nous arrêtons pas à la difficulté matérielle de mettre de l'ordre dans un soubassement où l'on doit descendre avec chevaux et voitures, et organiser un double service de convois par wagons pour amener sous chaque pavillon les denrées venues par la voie d'eau, et rejeter vers la Seine les boues et les détritus des Halles : on rencontrerait à ciel ouvert, dans des rues spacieuses, quelques obstacles pour arriver à une organisation satisfaisante, et les plus grandes précautions seraient nécessaires pour prévenir tout accident; mais M. Horeau trouverait sans doute la solution de difficultés pareilles.

Malheureusement il ne dépend pas de lui de changer le régime de la Seine, et c'est là ce qui doit rendre son étage souterrain inexploitable par cette rivière.

Les projets d'amélioration dont parle M. Senard (1), n'ont pour but que de rendre la navigation possible dans le petit bras qui passe devant la Vallée : quant au grand bras, adjacent au quai de la Mégisserie, il doit rester dans son état actuel, et même la navigation y sera plus difficile encore quand elle aura été régularisée dans le petit bras; car la retenue créée à côté de l'écluse du pont Neuf fera refluer les eaux en amont, notamment entre les îles de la Cité et Saint-Louis, et il en résultera dans le grand bras une chûte beaucoup plus considérable du pont de la Cité au pont Neuf. Il paraît même certain que, si l'on établit un barrage dans cette partie, on le placera au pont d'Arcole ou au pont Notre-Dame, de telle sorte qu'entre ces ponts et le pont Neuf, précisément au droit de l'emplacement fixé par M. Horeau pour le débarcadère de son étage souterrain, la navigation ne pourrait se faire le plus ordinairement que par l'aval; et, à cet égard, il importe de remarquer que le barrage du grand bras aurait nécessairement pour effet de baisser l'étiage immédiatement à l'aval, et par suite de laisser à découvert la plage le long du quai de la Mégisserie.

(1) Mémoire de M. Senard, page 21.

La navigation exigerait alors, pour être maintenue dans cette partie, des dragages considérables.

Ainsi, point de navigation possible aujourd'hui pour arriver aux Halles de M. Horeau, et aucun espoir que plus tard on veuille à grands frais en créer une.

Et d'ailleurs, quand bien même, en jetant dans la Seine tous les millions nécessaires, on donnerait satisfaction à M. Horeau à cet égard, quand bien même il parviendrait, au moyen d'un bas port, à vaincre les difficultés si grandes d'embarquement et de débarquement qui résulteraient de la variation des eaux, à quoi cette navigation si chèrement achetée servirait-elle?

Est-ce que l'approvisionnement *journalier* de Paris en fruits, légumes et autres denrées d'une consommation *quotidienne*, arrivera jamais par la Seine? Pour s'arrêter un instant à une pareille pensée, il faut ne pas réfléchir aux provenances de ces denrées, à la manière dont on les apporte à Paris.

On sait que ce sont les cultivateurs de la Banlieue et des communes limitrophes des départemens de Seine-et-Oise et de Seine-et-Marne qui alimentent les Halles chaque matin des objets d'une consommation courante : chacun d'eux a une voiture avec laquelle il va la veille chercher dans les champs les denrées qu'il porte ensuite à Paris, pour les y vendre le lendemain matin, sans leur avoir fait subir aucune autre manutention que celles de la charge dans le champ, de la décharge à la Halle; et, comme le trajet se fait au pas et la nuit, ces denrées arrivent dans un état de fraîcheur qui en permet la vente avantageuse.

On ne dira sans doute pas que ces cultivateurs, quand bien même ils seraient du point le plus favorablement placé, par exemple de Choisy, iront porter leurs récoltes de leur champ à la Seine, pour les amener ensuite par la voie d'eau. Ce mode, beaucoup plus lent, beaucoup plus coûteux, exigerait des combinaisons auxquelles on ne s'habituera jamais; et la charge dans le bateau, le transbordement dans les wagons, la décharge de ces wagons aurait le plus souvent pour résultat de rendre à la Halle des marchandises invendables.

Mais on suppose que la Seine transportera les denrées qui viennent de plus loin, les beurres, les œufs, etc. Pas davantage : à quelques très-rares exceptions près, les objets qui servent à l'alimentation de chaque jour se gâtent vite, et la voie la plus rapide sera toujours préférée ; c'est ainsi que les chemins de fer font un trafic notable de denrées destinées aux Halles ; mais il n'est pas inutile d'ajouter grâces à quels soins, à quelles précautions ils ont pu l'obtenir et le conserver. Pour éviter toute manutention des denrées, on a construit des caisses spéciales qui s'adaptent facilement soit sur les trucks des rails-ways, soit sur les voitures ordinaires, en sorte que l'on se borne à transporter ces caisses d'un véhicule sur l'autre, sans toucher en aucune manière aux denrées, qui sont seulement emballées au départ et découvertes aux Halles devant l'acheteur. Il est donc incontestable que, plus les chemins de fer se multiplieront autour de Paris, moins on sera tenté de recourir à la Seine, c'est-à-dire qu'à ce point de vue on doit compter beaucoup moins encore sur l'avenir que sur le présent.

Pourtant, dit-on (1), « on n'a qu'à regarder ce qui se passe au marché du Mail ouvert sur le quai de la Grève, devant l'Hôtel-de-Ville, » pour la vente des raisins et des fruits : ce marché, bien que ne tenant que pendant quelques mois de l'année, est entièrement approvisionné par des bateaux appelés *margotats*, qu'on a construits tout » exprès pour ce service. »

Voilà, en effet, ce que la Seine doit amener ; des denrées de médiocre qualité, des poires et pommes au bateau, et qu'on a grand soin de vendre dans le bateau même, pour ne pas augmenter, par un transbordement, les frais et les avaries inévitables causés déjà par le chargement, les pluies, etc. ; ou bien, des raisins en paniers soigneusement emballés, récoltés dans une saison de bonne navigation et sur le bord de la rivière. Le marché, qui se tient un mois ou deux en face de la Grève, n'a que cette durée, parce qu'il ne saurait en avoir une plus longue ; sinon, si le commerce y trouvait son avantage, le marché du Mail serait certainement approvisionné toute l'année, sans autre interruption que celles des glaces, des hautes et des basses eaux.

Cette interruption inévitable, qui chaque année ne dure pas moins

(1) Mémoire de M. Senard, page 22.

d'un mois, comment y remédiera-t-on? Il faudra bien alors avoir recours à l'approvisionnement par voitures. Ainsi, selon les saisons, selon l'état des eaux, les cultivateurs se serviraient tantôt de leurs véhicules, et tantôt de bateaux : c'est inadmissible.

Voilà pour l'apport des denrées. Passons à l'enlèvement des boues par la Seine, lequel, suppose, bien entendu, une navigation possible dans le grand bras, le long du quai de la Mégisserie ; ce qui n'est pas, ce qui ne sera sans doute jamais.

C'est encore là un des côtés qui séduisent dans le projet Horeau, quand on ne réfléchit pas aux inconvéniens de la confusion sur le même port des boues et des denrées. Mais une telle pensée est irréalisable.

Les boues et immondices embarqués sur la Seine seront conduits à l'aval de Paris, à Grenelle par exemple, pour choisir un point peu éloigné; là on les déchargera dans un vaste dépôt où les cultivateurs seront invités à venir les acheter. Mais combien se rendront à cette invitation? Peut-être ceux des quatre ou cinq communes circonvoisines, et encore faudra-t-il être avec eux assez coulant sur le prix ; car, même pour ceux-là, le transport coûtera autant, sinon plus, que s'ils devaient aller les chercher aux Halles. Un voyage aux Halles peut-être utilisé de mille manières : on apporte des denrées, on fait des commissions, etc.; il faudra aller tout exprès à Grenelle.

Et pourtant, le chargement dans les wagons, le transbordement dans le bateau, le déchargement à Grenelle, le transport par eau au milieu de tous les établissemens dont la Seine est couverte, surtout l'été, seront très-onéreux, coûteront plus peut-être que la valeur du fumier.

Pour vider chaque jour le dépôt de Grenelle, il faudra donc, ou que la Ville fasse des sacrifices d'argent notables, ou que les cultivateurs paient l'engrais trois ou quatre fois plus cher qu'aujourd'hui.

En outre, pendant les grandes et basses eaux, pendant les fortes gelées, c'est-à-dire pendant un mois au moins chaque année, l'enlèvement des détritus par la Seine sera impossible; et, comme ce service n'admet aucune interruption, il faudra recourir aux tombereaux, et, par suite, avoir, par prévision, un matériel tout prêt; donc, double matériel, double dépense.

Mais ce n'est pas tout : le quartier des Halles est le plus avantageux de tous pour l'Entrepreneur général soumissionnaire de l'enlèvement des boues de Paris : là, il perçoit une certaine prime des cultivateurs sous-traitans, tandis que, presque partout ailleurs, il est obligé de faire quelques sacrifices pour les astreindre aux prescriptions de son cahier des charges, qui sont assez sévères en ce qui concerne l'enlèvement des neiges, glaces, etc.

Si l'on retire le quartier des Halles du marché, on n'aura plus d'adjudicataire qu'à des conditions moins avantageuses pour la Ville.

Mais heureusement il n'en sera rien, et l'on continuera toujours à faire, au moyen de tombereaux, l'enlèvement des détritus. Aujourd'hui, dans des conditions on ne peut plus désavantageuses, cet enlèvement se fait promptement, régulièrement et sans encombrement notable; il ne laissera absolument rien à désirer au milieu d'une Halle vaste et commode.

Pour résumer cette discussion, trop longue peut-être, mais indispensable en raison de la gravité du sujet, nous croyons être parvenus à démontrer, ainsi que nous l'avons annoncé :

1° Que le soubassement ou étage souterrain de M. Horeau, dans les conditions de communication avec la Seine où il prétend l'établir, est *économiquement impossible ;*

2° Que, fût-il possible et exécuté, son exploitation par la Seine serait *irréalisable ;*

3° Que l'exploitation, fût-elle facile, serait sans *aucune influence* sur les arrivages, et, quant à l'enlèvement des boues, *onéreuse* à la Ville de Paris ou bien aux cultivateurs de la Banlieue.

Ainsi s'écroule la base du projet Horeau.

Maintenant nous croyons inutile d'insister sur deux objections, importantes en elles-mêmes, mais toutes secondaires à côté de la discussion qui précède, objections que M. Senard croit avoir réfutées (1).

---

(1) Mémoire de M. Senard, page 23.

Quoi que l'on fasse, on n'empêchera pas qu'une Halle soit fort mal située le long d'un quai dont les autres monumens publics sont les Tuileries, le Louvre et l'Hôtel-de-Ville. Les Halles sont à une ville ce que la cuisine est à une maison bourgeoise; tandis que la cuisine est toujours reléguée dans les derrières des habitations, pourquoi mettre les Halles sur le premier plan, sur un quai, et priver ainsi les particuliers des parties de la cité les plus saines, les plus agréables à habiter?

Quant à l'inconvénient de l'exposition en plein midi du premier pavillon des Halles destiné aux poissons, à la marée, aux huîtres, etc., que M. Senard veuille bien consulter les marchandes de poissons, fort compétentes en l'espèce, et il changera sans doute d'avis en voyant la répulsion unanime avec laquelle elles ont, pour cette seule cause, accueilli le projet Horeau.

Surface.

M. Senard continue (1) en comparant les surfaces respectives des terrains mis à la disposition du service public dans le projet de l'Administration et par celui de M. Horeau.

Aux chiffres et assertions de M. Senard, en ce qui concerne les besoins des Halles, il suffit d'opposer, pour en faire justice, le rapport de M. Boutron qui n'est d'ailleurs que le résumé des documens officiels.

De ce rapport, il résulte (2): « Que les approvisionne-
» mens et denrées se vendant journellement aux Halles
» occupent un espace de. . . . . 36,225^{m},00»
Et non pas, comme le dit M. Senard (3), de. . . . . 47,500^{m},00
» Que par suite on n'avait d'abord fixé la superficie
» des nouvelles Halles qu'à. . . . . 41,843^{m},25
» Qu'une nouvelle prise, faite vers la rue Saint-Denis,
» à la demande de M. le Préfet de Police, a porté cette
» superficie à. . . . . 44,366^{m},25
» ce qui, avec le marché des Innocens, forme une surface
» totale de. . . . . 52,790^{m},25

(1) Mémoire de M. Senard, page 24.
(2) Rapport de M. Boutron, page 40.
(3) Mémoire de M. Senard, page 24.

Projet Horeau.

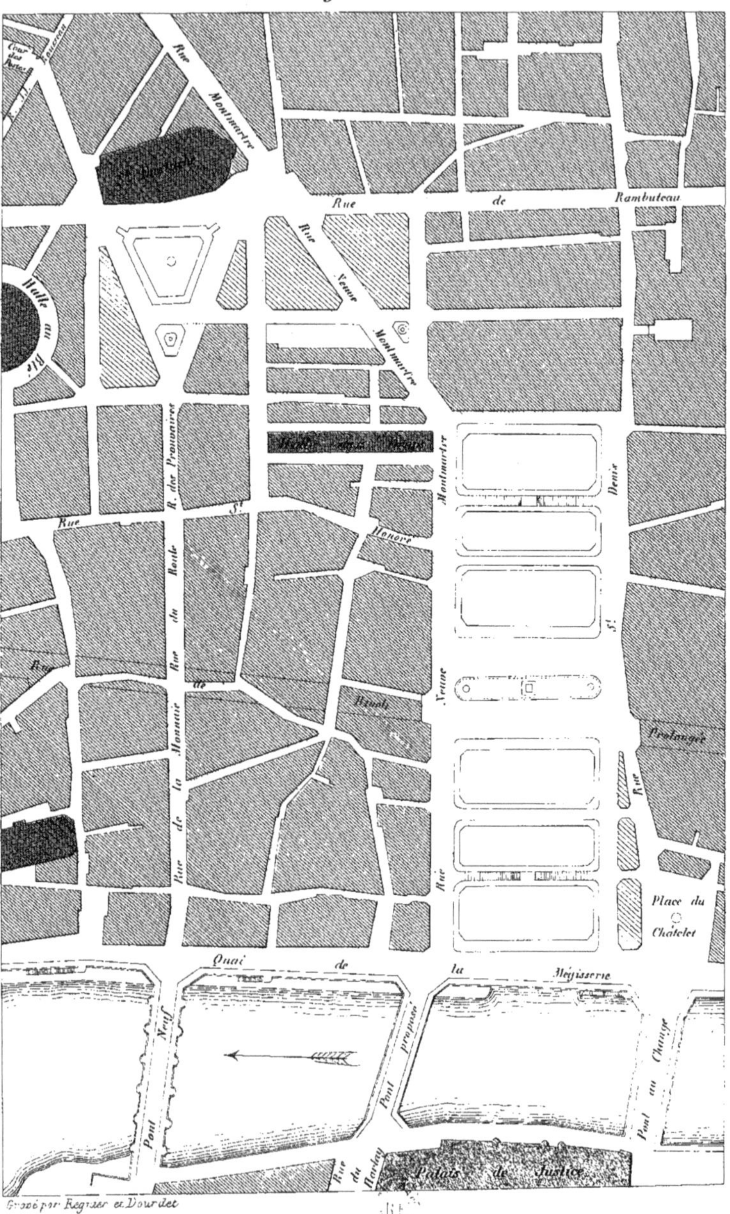

Gravé par Regnier et Dourdet

Projet de l'Administration – Complet.(1)

(1) Le projet approuvé en 1843, ne s'étend que jusqu'à la ligne A B.

Lith. Gratia

« Que (1) cette superficie répond *aux exigences de tous les services,* « *à toutes les nécessités de notre époque.* »

Et, à cet égard, on peut avoir toute confiance ; car il en eût peu coûté d'étendre davantage la prise sur la rue Saint-Denis. Les immeubles de valeur sont ceux qui font face au marché aux Poirées, à la Halle au Beurre, au marché aux Poissons ; les maisons des rues latérales sont loin d'avoir la même importance.

D'ailleurs, si l'Administration se trouve trop à l'étroit dans les 52,800$^{m^2}$ du projet approuvé, rien n'empêche de s'étendre en coupant davantage dans les îlots déjà attaqués vers la rue Saint-Denis, ou même de faire disparaître ces îlots en entier, comme le voulait l'Empereur en 1811.

Le dessin ci-joint donne une idée de ce que serait alors le vaste établissement des Halles. Composé de douze pavillons symétriques par rapport aux deux axes d'une immense place, dominé d'un côté par la Halle au blé, de l'autre par Saint-Eustache, il présenterait l'aspect le plus satisfaisant et les dispositions les plus grandioses.

Agitée dans le sein du Conseil Municipal en 1845, cette combinaison a été rejetée, parce que, sans utilité actuelle, elle devait augmenter la dépense d'une manière notable ; et l'on a préféré adopter le projet restreint aux huit corps de Halles, c'est-à-dire en quelque sorte la première partie du projet général, qui est du reste disposée de manière à permettre, quand la nécessité s'en fera sentir, d'en exécuter la dernière partie.

Le projet général lui-même, exécuté dans son entier, serait d'ailleurs loin d'exiger un chiffre de dépense aussi élevé que celui du projet Horeau ; car l'excédant ne dépasserait pas dix millions, attendu que l'on n'exécuterait aucun travail au marché des Innocens, dont le terrain serait revendu pour atténuer la dépense. Dans cette hypothèse on atteindrait, en ne tenant compte que de la demi-largeur des rues ambiantes, une surface de 63,000$^{m^2}$, et, en comptant cette largeur entière, 69,000$^{m^2}$; l'on satisferait ainsi à la condition de maintenir les Halles Centrales dans leur *emplacement actuel.*

---

(1) Rapport de M. Boutron, page 96.

Mais sans doute, les engagemens qu'on n'osait prendre en 1845, alors que les finances de la Ville étaient prospères, on hésitera plus encore à les contracter en 1850; on se contentera, quant à présent, des 52,800^{ms} du projet approuvé qui suffisent à *tous les besoins actuels,* et on agira sagement en réservant les extensions pour l'avenir.

Ces 52,800^{ms} sont si bien suffisans, que M. Horeau n'en donne pas davantage, si même il en donne autant. M. Senard, en avançant le contraire, ne s'est pas rendu compte de la manière dont les mesures ont été prises dans l'une et l'autre évaluation; sans quoi sa loyauté se fût refusée à comparer des surfaces qui ne sont nullement comparables.

Les 52,800^{ms} du projet de l'Administration ne comprennent que la *demi-largeur* de toutes les voies publiques qui forment le périmètre, soit des nouvelles Halles, soit du marché des Innocens; parce qu'on a cru juste d'attribuer aux riverains la moitié des rues adjacente à leurs façades.

Si, au lieu des axes des rues, on eût pris, pour points de départ, les façades des constructions, comme l'a fait M. Horeau, on eût trouvé :

pour la place des huit corps de Halles.	48,800^{ms}
pour le marché des Innocens, environ.	10,700^{ms}
Surface totale.	59,500^{ms}

M. Horeau prend, en effet, pour longueur du rectangle de son projet, la distance entre les façades des maisons de la rue aux Fers et l'axe du quai de la Mégisserie, soit	400^{m}
et, pour largeur de ce rectangle, la distance entre les façades des maisons des rues Neuve-Montmartre et Saint-Denis, soit.	150^{m}
Surface correspondante. . . .	60,000^{ms}
laquelle ne dépasse que de.	500^{ms}
la surface totale trouvée ci-dessus de.	59,500^{ms}

Si on limite la longueur du rectangle en la mesurant entre l'axe de la rue aux Fers et l'axe du quai, elle n'a que.	392^{m}

de même la largeur, entre les axes des rues Saint-Denis et Neuve-Montmartre n'a que. 125m

Surface correspondante. 49,000m²
laquelle est inférieure de. 3,790m²25
a celle du projet de l'Administration, telle qu'elle a été annoncée, ci. 52,790,m²25

Ainsi, dans le premier mode de mesurage, il y a égalité presque absolue ; dans le deuxième, qui paraît plus rationnel, le projet Horeau présente une surface moindre de 3,800 mètres environ, soit 1/13e.

Comme on voit, M. Senard s'est étrangement trompé en ce qui concerne les surfaces totales affectées au service des Halles.

Quant aux surfaces abritées, livrées aux vendeurs et acheteurs, les six pavillons de M. Horeau offrent, il est vrai, une superficie totale de. 22,200m²
tandis que MM. Baltard et Callet ne donnent sous les neuf pavillons que. 20,300m²
mais la différence en faveur de M. Horeau de. 1,900m²
se trouve compensée et au-delà par une différence en sens inverse, fournie par la comparaison des trottoirs et dallages abrités, qui, par suite des dispositions de MM. Baltard et Callet, ont un développement de 3,100m environ, et une surface de (1). 10,300m²
tandis que, pour M. Horeau, le développement est seulement de 1,500m et la surface de 3,800m²

Différence. 6,500m²

Et l'on sait de quelle importance extrême sont ces abris pour les trois ou quatre mille marchands de légumes de la Banlieue qui arrivent chaque matin à la Halle ; importance qui n'a cessé de préoccuper la Préfecture de Police.

Aussi, M. Horeau suppose-t-il (2), pour satisfaire à cette partie du

(1) Rapport de M. Boutron, page 42.
(2) Mémoire de M. Senard, page 17.

service, que les marchands de légumes et de verdures seraient aussi logés dans le quatrième pavillon; mais par cette disposition il perd, en partie sinon en totalité, l'avantage d'un excédant de surface bâtie.

Après ce que nous avons dit précédemment nous ne pouvons sérieusement admettre un soubassement de 27,000 mètres superficiels, c'est-à-dire de 5,000 mètres plus étendu que les corps de Halles.

Quant à la superficie de la partie des quais affectée au stationnement des charrettes, sans doute M. Horeau n'y a pas plus de droit que l'Administration elle-même, et il faut que M. Senard ait été singulièrement préoccupé (1) en ne l'attribuant qu'au projet Horeau.

Quelqu'étendue qu'ait déjà cette discussion, il est impossible de ne pas faire remarquer combien la disposition groupée des pavillons de MM. Baltard et Callet est plus heureuse, plus favorable pour le commerce que le parallélisme des pavillons de M. Horeau, où la gêne des communications sera encore accrue par les rues en pente, spécialement consacrées au service de l'étage souterrain, qui séparent les pavillons n°s 1 et 2, 5 et 6, rues qui ne comportent, pour être franchies, qu'un seul pont en leur milieu.

En outre, tandis que les pavillons de M. Horeau ne sont autre chose qu'une combinaison visant surtout à l'effet, ceux de MM. Baltard et Callet ont été disposés en conformité d'un programme très-étendu, longuement discuté par la Commission Administrative des Halles; leurs surfaces sont donc en rapport exact avec les destinations respectives qu'on a dû leur assigner, et le maintien des communications par les rues existantes s'est heureusement trouvé en harmonie avec les bâtimens construits d'après les conditions du programme précité.

Enfin, toutes choses égales, il est évident que le service doit être mieux séparé, plus facile, plus convenable dans neuf pavillons, entre lesquels existent dans tous les sens des voies de communication, que dans six, dont quatre faces longitudinales sont inaccessibles aux voitures.

Destruction du quartier du Chevalier-du-Guet.

Que penser du mérite qui résulte pour le projet Horeau de la destruction immédiate du quartier du Chevalier-du-Guet, si ce n'est qu'il

(1) Mémoire de M. Senard, page 25.

lèsera un *grand nombre* d'intérêts, en portant la perturbation dans un quartier affecté à un commerce spécial, pour ne donner satisfaction qu'à *quelques* propriétaires d'immeubles placés dans des conditions peu favorables.

Mais l'Autorité Municipale, paternelle pour tous, ne peut manquer d'apprécier la différence qui existe entre la position de ces propriétaires, et celle des propriétaires de maisons situées dans le périmètre des Halles actuelles.

Quel que soit le projet exécuté pour les nouvelles Halles, les immeubles du quartier du Chevalier-du-Guet auront la même valeur, leur valeur actuelle; qu'on les achète ou qu'on les laisse subsister, les propriétaires en tireront les mêmes avantages.

Mais, quant au quartier des Halles actuelles, il en est tout autrement. Pour s'en convaincre, il suffit de se reporter au rapport de M. Boutron; entr'autres preuves, on y lira celle-ci (1):

« Si les propriétaires et grand nombre de locataires voisins des Hal- » les *avaient pu croire* que l'idée de déplacer cet établissement pût » prendre quelque consistance, ils auraient protesté de toutes leurs » forces, et leurs doléances auraient paru *légitimes*.»

M. Boutron ajoute :

« Presque tous les établissemens de ce quartier auquel l'existence » des *Halles a donné naissance*, ne *vivent que par elles*, et seraient com- » plètement *ruinés* si les Halles devaient être déplacées. »

Cette assertion de M. Boutron est vraie, quelle que soit la distance à laquelle aurait lieu le déplacement. Il est de la nature des Halles Centrales que les commerçans en demi-gros et en détail, pour en profiter, doivent avoir leurs magasins en face ou à une distance très-petite, et telle que l'acheteur, qui n'a pas trouvé ce qu'il désire à la vente publique, n'ait que quelques pas à faire pour s'approvisionner.

Aussi, peu importe que les Halles soient dans le quartier du Chevalier-du-Guet ou dans tout autre quartier plus éloigné, si elles doivent être transférées; dans l'un ou l'autre cas, les établissemens indus-

---

(1) Rapport de M. Boutron, page 30.

triels compris dans le périmètre des Halles actuelles devront se déplacer sous peine de ruine, et les propriétés perdront peut-être 50 pour cent de leur valeur.

Sous le rapport de l'intérêt général, de la salubrité publique, il y a d'ailleurs autant d'avantage à compléter l'assainissement des Halles actuelles qu'à exécuter celui du quartier du Chevalier-du-Guet, et il reste quatre fois moins de dépenses à faire.

Rues nouvelles.

Le projet Horeau (1), dit-on, « profite des démolitions opérées pour » établir des rues nouvelles et un vaste square en face de Saint- » Eustache. »

Les expropriations déjà faites, bien que représentant une valeur de huit millions, ne suffiraient pas encore pour la réalisation de cette partie du projet Horeau : plusieurs îlots devraient encore disparaître.

Peut-on se vanter d'améliorations obtenues au prix de tels sacrifices! Avec tant de millions que n'obtiendrait-on pas sur d'autres points qui ont au moins autant de droits à la sollicitude de l'Administration Municipale?

Mais, s'il ouvre des communications nouvelles, le projet Horeau en *intercepte* aussi quelques-unes qui existent aujourd'hui, et entr'autres celle de la rue Saint-Honoré à la rue des Lombards, dont l'importance s'est accrue dans une proportion considérable depuis l'élargissement des rues Sainte-Opportune et de l'Aiguillerie; c'est une ombre du tableau que M. Senard a eu soin de dissimuler.

La traversée de la rue de Rivoli au milieu des Halles est une de ces circonstances malheureuses qu'il faut subir, mais non pas exalter comme un grand avantage. Si, ce qui est encore plus que douteux, la rue de Rivoli doit être prolongée jusqu'à la rue Saint-Antoine, on regretterait certainement qu'elle dût passer au centre des Halles.

La traversée suivant un biais sensible ajouterait encore quelque chose de disgracieux; comme aussi la circulation incessante de voi-

(1) Mémoire de M. Senard, page 26.

tures, étrangères aux Halles, qui se ferait par cette rue, serait, pour les Halles, une gêne très-fâcheuse.

Le seul avantage à signaler dans le projet Horeau consiste dans le prolongement de la rue Montmartre jusqu'à la Seine, et l'élargissement de la rue Saint-Denis. Mais cet avantage est singulièrement diminué par suite de ce fait extrêmement fâcheux, que la circulation *générale* de la ville et la circulation *spéciale* aux Halles y seraient confondues comme sur le quai.

A ce point de vue, l'emplacement choisi par le projet Horeau laisse beaucoup à désirer.

Quant au pont biais, projeté sur la Seine en face de la rue Neuve-Montmartre, il n'entre pas dans l'estimation de M. Horeau, et à très-juste titre sans doute ; s'il fait bon effet sur un plan en relief, ce pont serait disgracieux en exécution et fort coûteux; inutile, puisqu'il aboutirait seulement à l'extrémité du Palais de Justice, et que les travaux d'amélioration en cours d'exécution au pont Neuf auront pour résultat de satisfaire à tous les besoins de la circulation sur ce point; nuisible même, en ce sens qu'il rendrait plus difficile la navigation, si jamais on parvenait à la régulariser dans le grand bras.

Le projet de l'Administration n'a aucun besoin du prolongement de la rue Montmartre ; quant à l'élargissement de la rue Saint-Denis, c'en est un utile complément, et le Conseil Municipal l'a même déjà admis en principe : sans aucun doute, il suivrait de très-près l'exécution des Halles nouvelles.

Quant à l'idée de percer une rue entre la façade de l'église Saint-Eustache et l'hôtel des Postes, elle appartient à l'Administration (1), et non pas à M. Horeau qui s'est borné à la reproduire.

Avantages stratégiques.

En ce qui concerne la question stratégique, nous dirons seulement que, si l'emplacement du projet Horeau paraît plus favorable à l'attaque, celui du projet de l'Administration doit être plus convenable pour la défense: c'est en quelque sorte une place avancée sur le territoire à contenir, place heureusement située entre le Louvre et les Boulevarts, près de la place des Victoires et des quais.

(1) Voir le plan général de l'avant-projet des Halles Centrales, annexé au rapport de M. Boutron.

Il est d'ailleurs à remarquer qu'en juin 1848 le quartier des Halles n'a pas vu s'élever une seule barricade.

Revente des terrains acquis par la ville.

Sans doute les terrains acquis par la Ville en face de Saint-Eustache se revendraient bien, mais la légitimité de cette revente sera traitée plus loin, en répondant à l'article où M. Senard en a parlé lui-même.

Phase d'exécution.

L'exécution du projet des Halles nouvelles sur l'emplacement même des Halles existantes donnera lieu sans doute à quelques difficultés, exigera quelques précautions; mais il s'en faut « qu'on doive se trouver (1) dans la nécessité de quitter les Halles, et qu'il y ait là sujet » légitime d'effroi. »

Que l'on se rassure, le mode d'exécution a été prévu (2), on l'a suivi dans les expropriations déjà faites, et rien n'empêche qu'il soit continué.

« Le projet Horeau affranchit, il est vrai, de tout embarras (3) »; mais en ruinant tout le quartier des Halles actuelles, et en imposant à la Ville un excédant de dépenses de plus 20,000,000, ainsi qu'on va le voir.

§ 5. Dépenses.

Par la manière dont a été traité, dans le mémoire de M. Senard, cet article, le plus important de tous assurément dans les circonstances actuelles, on peut apprécier la pensée générale qui a dicté la défense, ou plutôt l'apologie du projet de M. Horeau.

A entendre M. Senard :

« 1° M. Horeau a *tout* prévu (4), *tout* calculé, il a porté partout les » estimations au *maximum*, tandis que dans les projets qu'on présente » comme devant coûter beaucoup moins, une partie des dépenses est » *complètement omise*, et le reste est évalué d'une manière approxi- » mative et sans *aucune fixité*;

» 2° (5) Le projet Horeau comprend *tout* ce qui est nécessaire à la

(1) Mémoire de M. Senard, page 28.
(2) Rapport de M. Boutron, page 91.
(3) Mémoire de M. Senard, page 29.
(4) Mémoire de M. Senard, page 30.
(5) Mémoire de M. Senard, page 33.

» création des Halles, quand le projet 1845 n'en comprend *qu'une* » *partie;*

» 3° (1) Les quantités de terrain, affectées au service des Halles par » l'un et l'autre projet, présentent une différence de près d'un *cin-* » *quième;*

« Tandis (2) que dans le projet de 1845 toutes les dépenses de- » meurent *variables* et soumises aux chances de l'imprévu; dans le » projet Horeau, elles reposent sur des bases *certaines*, un forfait » pour les travaux, une évaluation au maximum pour les acqui- » sitions. »

Et, selon la formule invariable, M. Senard conclut, pour la dixième fois peut-être, (3) « en affirmant qu'*aucune supériorité* ne manque au » projet Horeau, pas même la réduction des dépenses au *moindre* » *chiffre possible.* »

Au premier abord, en présence d'assertions pareilles, on est tenté de courber la tête et de croire aveuglément; c'est cela sans doute, c'est cette espèce de fascination qui a pu valoir au projet Horeau quelques partisans sincères; mais l'exagération gâte tout, elle porte à la méfiance, et on ne tarde pas, en regardant les choses de plus près, à voir qu'il n'y a que fort peu d'exactitude dans tout ce que M. Senard avance.

Et d'abord, il est impossible d'attribuer à M. Horeau seul le privilége exclusif (4) « de *tout* savoir, de *tout* prévoir, de réaliser les com- » binaisons les *plus heureuses* et les *plus intelligentes.* »

La preuve que, comme tous les autres hommes, vous pouvez vous tromper, c'est que vous mettez en parallèle une surface de 60,000 m.
avec celle du projet de l'Administration évaluée à . . . . . 52,800 m.
tandis qu'il a été démontré ci-dessus qu'en partant des mêmes bases, le projet de l'Administration présente une surface réelle de. . , ... 59,500 m.
ou que, si on maintient le chiffre de. . . . . 52,800 m.
il faut prendre pour le projet Horeau celui de. . . . . . . 49,000 m.;
c'est que (5), comparant les dépenses des indemnités de ter-

(1) Mémoire de M. Senard, page 34.
(2) Mémoire de M. Senard, page 35.
(3) Mémoire de M. Senard, page 36.
(4) Mémoire de M. Senard, page 36.
(5) Mémoire de M. Senard, pages 33 et 34.

rain, vous cumulez les surfaces des étages supérieur et inférieur, pour pouvoir affirmer que vous avez une surface plus grande de. . . . . 14,300^{mts}
« différence énorme qui, dites-vous, domine *tous les calculs* et *toutes*
» *les discussions.* »

Comme si le terrain doit coûter plus ou moins cher, selon qu'on y construit un ou plusieurs étages, plus ou moins vastes!

En second lieu, on parle toujours des devis de 1845, faits seulement pour un (1) « avant-projet destiné à subir de nombreuses modifica-
» tions dans l'exécution. »

En 1845, l'Administration, préoccupée surtout d'économie, ne voulait, à ce qu'il paraît, que des bâtimens d'une excessive simplicité, des moëllons, des tuiles, etc. : mais, depuis, un projet définitif a été dressé dans des conditions tout-à-fait satisfaisantes, et remis à l'Administration en juillet 1848 ; le devis ne laisse rien à désirer, tout y a été prévu, en sorte qu'il est assez peu convenable de dire « (2) que toutes les dé-
» penses de ce projet demeurent *variables* et soumises aux chances
» de *l'imprévu.* »

M. Horeau apparemment n'a pas le secret de diminuer les prix des matériaux et des mains-d'œuvre : les bâtimens de surface et de dimensions données ne peuvent coûter pour lui moins cher que pour tous autres.

Voici d'ailleurs les chiffres dans toute leur simplicité :

Le projet Horeau est estimé (3) par M. Horeau lui-même 47,000,000,
dont en travaux de toute nature. 11,000,000,
et pour expropriations d'immeubles. . . . . 36,000,000.

En ce qui concerne les travaux, M. Horeau propose un forfait (sur lequel nous nous expliquerons plus loin), de telle sorte que le chiffre de 11 millions, selon lui, serait invariable.

Cette estimation comprend (4), dit-on, tous les travaux des rues, pavage, trottoirs, égouts, bornes-fontaines, appareils d'éclairage, wagons, etc., ainsi que tous ceux du quai de la Mégisserie; mais a-t-on bien calculé que l'exhaussement de ce quai doit être comme nous

(1) Rapport de M. Boutron, page 76.
(2) Mémoire de M. Senard, page 55.
(3) Mémoire de M. Senard, page 29.
(4) Mémoire de M. Senard, page 55.

l'avons démontré, de 4^{m},00 environ ; a-t-on songé aux raccordemens des rues à surélever pour rendre *possible* l'exécution du *tunnel* d'accès à la Seine? Certainement non : en tenant compte de toutes ces circonstances, l'estimation de 11 millions est tout-à-fait insuffisante et doit être augmentée de moitié environ.

Mais, comme nous n'en sommes pas avec M. Horeau à 5 millions près, nous passons condamnation, et nous admettons son forfait de 11 millions.

Quant aux expropriations, M. Horeau annonce qu'il y aura sur ses évaluations une économie de 4 millions et demi; et néanmoins il ne présente à cet égard aucune soumission à forfait, parce qu'il sait très-bien qu'en cette matière tout est chanceux, et qu'il n'y a rien à affirmer avant les décisions *souveraines* du jury.

Si la plupart des maisons du quartier du Chevalier-du-Guet sont vieilles et peu importantes, il en est de construction récente, notamment aux environs du cloître Sainte-Opportune et sur le quai de la Mégisserie ; ce quartier est en outre habité par de riches maisons de commerce, dont les fonds ont une grande valeur qu'il faudra payer.

Sous le mérite de ces observations, nous admettons l'estimation pourtant insuffisante de 47 millions.

Quant au projet de l'Administration, il faut immédiatement écarter le tunnel *impossible* dont (1) parle M. Horeau, *pas plus impossible pourtant que le sien*. S'il en a été question, ce n'a pu être qu'à titre d'étude, mais on ne s'y est pas arrêté, et ce n'est pas nous qui pouvons admettre une communication avec la Seine après avoir démontré qu'elle était inexécutable, inexploitable et même nuisible.

M. Senard, d'après une note municipale, dont il ne cite pas l'auteur, porte le montant des indemnités du projet approuvé à 19,000,000

Il a déjà été payé, en 1848, environ. . .	7,200,000 f.	8,000,000
Il vient d'être exproprié un nouvel îlot environ pour.	800,000 f.	
Resterait donc à acquérir pour		11,000,000

Nous admettons ce chiffre comme sensiblement vrai, attendu que

(1) Mémoire de M. Senard, page 31.

la surface des terrains bâtis restant à exproprier est de 11,554^{m} ^{c},73, et que jusqu'à présent la moyenne des expropriations a été faite à très-peu près à raison de 1,000 fr. le mètre superficiel.

Quant aux constructions, d'après les projets définitifs, elles sont estimées savoir :

Travaux des huit corps de Halles.	8,000,000 fr.
Travaux accessoires, pavage, trottoirs, etc. . .	3,000,000
Marché des Innocens et accessoires.	4,000,000
Total. . . .	15,000,000

Mais, qu'on note bien que cette évaluation, loin de présenter des lacunes, des omissions, est largement faite et susceptible des rabais ordinaires des adjudications; en sorte qu'on serait parfaitement en droit de la réduire de 10 à 15 p. 0/0, de 20 p. 0/0 peut-être s'il s'agissait d'un forfait; et qu'elle comprend les travaux de toute nature, même le pavage des rues, les trottoirs, les appareils d'éclairage, etc.

Qu'on veuille bien remarquer que cette évaluation correspond à une surface bâtie de 20,300^{m} ^{c}, et ne comporte ni tunnel *impossible*, ni exhaussement de quai, ni exhaussement de rues, etc.; toutes choses que M. Horeau prétend faire pour 11 millions, en outre d'une surface bâtie de 22,200^{m} ^{c}, et bâtie avec luxe et élégance, avec des étages supérieurs pour bibliothèques, crèches, salles d'asile, etc.

Et, après réflexion, que l'on dise quelle est l'évaluation la plus sincère, quelle est celle soumise davantage aux chances de l'imprévu.

Dépenses comparées.

Quoi qu'il en soit, pour ne s'en tenir qu'aux chiffres indiqués ci-dessus, on a, d'une part, le projet Horeau estimé. . 47,000,000 fr.
Et, d'autre part, celui de l'Administration qui doit coûter. 26,000,000

Différence. . . . 21,000,000

Devant de tels chiffres, il semble évident aux esprits ordinaires que, pour *achever* le projet de l'Administration, il doit être dépensé 21 millions de moins que pour *exécuter* le projet Horeau.

Eh bien! non; M. Senard prétend prouver tout le contraire : que ne prouve-t-on pas avec l'art de grouper les chiffres?

Voici le raisonnement spécieux par lequel on espère égarer l'opinion publique.

D'abord, (1) on réunit à dessein toutes les dépenses faites et à faire, comme si aujourd'hui il pouvait être question d'autre chose que des sommes à dépenser, suivant l'un ou l'autre projet, pour avoir *enfin* des Halles Centrales : et on arrive ainsi au chiffre de 35 millions pour le projet de l'Administration, qui n'exige plus aujourd'hui qu'une dépense maximum de 26,000,000, et qui, dans tous les cas, n'aura pas coûté plus de 34,000,000 après son achèvement complet.

On dit ensuite :

« Vous ne dégagez pas les Halles (2); il vous faudra :

» 1° Élargir la rue Saint-Denis, ci..	4,000,000 fr.
» 2° Ouvrir une rue de la Halle aux draps au quai, » ci encore.	4,000,000
» 3° Percer au pourtour et dans les îlots des » maisons environnantes les issues sans » lesquelles la place des Halles serait littéralement enclavée, ci encore.	4,000,000 »
» Donc à compter en plus..	12,000,000

L'étendue, déjà fort longue de cette réponse, ne nous permettant pas de répéter indéfiniment les mêmes argumens, nous renvoyons, pour ce qui concerne le débouché des Halles, aux développemens donnés à cet égard, et d'où il résulte clairement que le projet de l'Administration ne laisse, quant à la circulation, rien autre chose à désirer que l'élargissement de la rue Saint-Denis, lequel, comme on l'a dit, a d'ailleurs été déjà admis en principe par le Conseil Municipal.

De l'excédant prétendu de 12,000,000, il n'y a donc que 4,000,000 qui peuvent donner matière à controverse.

Loin d'éluder la discussion, nous disons franchement que cette dépense doit être faite, mais elle le sera quand et comment l'Adminis-

(1) Mémoire de M. Senard, page 31.
(2) Mémoire de M. Senard, page 32.

tration le voudra, à l'époque où les finances de la Ville le permettront : c'est là un *accessoire* utile qui viendra en son temps, mais ce n'est pas le *principal;* ce n'est qu'une *conséquence* de l'établissement des Halles, ce n'en est pas *l'essence* même.

Le projet Horeau, il faut, pour l'exécuter, trouver immédiatement 47,000,000, peut-être *plus*, mais certainement pas *moins;* sans cela, pas de Halles Centrales. La création de la rue Neuve-Montmartre, et la démolition des maisons du côté gauche de la rue Saint-Denis, sont des dispositions vitales sans lesquelles le projet ne peut être exécuté.

Le projet de l'Administration, au contraire, pour être réalisé, peut très-bien se passer de l'élargissement immédiat de la rue Saint-Denis : cet élargissement ne doit donc pas être ajouté à la dépense. Il ne s'agit d'ailleurs que de 4,000,000, et nous avons une marge de 21,000,000.

M. Senard poursuit (1) :

« La section de la rue de Rivoli, exécutée sur toute la largeur de la » place (soit 150m), compte dans le projet Horeau, terrains et maisons, » pour 2,150,000 fr. »

Eh bien, qu'importe? M. Horeau exécute cette partie de rue, parce qu'il ne peut pas faire autrement; et, quant au projet de l'Administration, il n'en a nul besoin.

Ce sera, dit-on, autant de moins à faire plus tard pour la Ville de Paris; mais à quelle époque? Si, ce qui est fort probable, cette section de la rue de Rivoli ne s'exécute que dans vingt, trente, cinquante, cent ans peut-être, tout au plus pourrait-on faire entrer en ligne de compte la valeur actuelle de cette somme de 2,150.000 fr. Et, s'il s'agissait d'un délai de cinquante ans, par exemple, cette valeur actuelle, escomptée à 5 p. o/o, serait seulement de 187,500 fr.

Mais ce n'est pas tout; M. Senard réclame (2) 2,000,000 pour les alignemens et élargissemens du quartier du Chevalier-du-Guet. A quel titre? Est-ce que la Ville a pris le moindre engagement à cet égard? Si

(1) Mémoire de M. Senard, page 32.
(2) Mémoire de M. Senard, page 33.

cette demande était fondée, il faudrait par compensation ajouter au projet de M. Horeau, ou retrancher à celui de l'Administration une dépense, au moins équivalente, qui serait nécessaire pour aligner et assainir tout ce que le premier projet laisserait debout des maisons que fera disparaître l'achèvement du second; ainsi, celles des rues de la Tonnellerie, du Contrat-Social, de la Grande et Petite-Friperie, de la Cordonnerie, celles de l'origine des rues de la Cossonerie et des Prêcheurs, etc.

Enfin, M. Horeau a la prétention (1) de loger dans les étages supérieurs de ses bâtimens des salles d'élections, des crèches, des salles d'asile, de vaccin, des bibliothèques, et autres Services Municipaux; et par cette *disposition heureuse* il croit exonérer la Ville de Paris d'une dépense de 1,500,000 fr., que par suite on ajoute à l'estimation du projet de l'Administration.

Franchement cela n'est pas sérieux! d'abord l'emplacement proposé par M. Horeau est à la limite extrême du 4e arrondissement vers l'est, limite déterminée par la rue Saint-Denis; et c'est là que se trouveraient les établissemens nécessaires au Service Municipal! des crèches, des salles d'asile, des bibliothèques sur les pavillons des Halles! c'est-à-dire, au milieu du bruit, du tumulte inévitable d'une foire perpétuelle, exposés aux émanations des marchés, les établissemens qui exigent le plus de calme et de tranquillité, l'air le plus pur, et le moins de contact possible avec l'agitation inhérente au service des Halles.

Aucune administration n'admettra une confusion pareille, et si M. Senard en parle, ce n'est qu'en vue d'une prétendue économie de 1,500,000 fr.; économie, qui, du reste, serait du même genre que celle de la rue de Rivoli, en ce sens qu'elle n'aurait aucun caractère d'actualité.

Le projet de l'Administration, qui ne touche en aucune façon au quartier du Chevalier-du-Guet, a, sous ce rapport, l'avantage de conserver les établissemens publics et municipaux situés dans ce quartier, et même de permettre d'utiliser pour les divers Services indiqués ci-dessus, tout ou partie des bâtimens de la Mairie actuelle qui probablement va être transférée près du Louvre.

(1) Mémoire de M. Senard, page 33.

De tout ce qui précède, il résulte, contrairement aux assertions de M. Senard :

1° Que M. Horeau est loin d'avoir *tout* prévu, *tout* calculé ; et que l'évaluation des travaux portée à 11,000,000 est trop faible, au moins de moitié ; ou bien, que celle de 15,000,000, annoncée par l'Administration pour des travaux moins considérables, est trop forte, et subirait, lors de l'exécution par voie d'adjudication sur rabais, une réduction fort importante ;

2° Que le chiffre des indemnités à payer encore par l'Administration pour achever le projet en cours d'exécution, n'excédera sans doute pas 11,000,000 ; et qu'il n'y a aucune raison pour admettre 4,000,000 et 1/2 de réduction sur l'évaluation des indemnités à payer dans le projet de M. Horeau, évaluation fixée par lui-même à 36,000,000 ;

3° Que le projet définitif de l'Administration, rédigé en 1848, a prévu tout ce qui est nécessaire au service des Halles, qu'il ne laisse à désirer sous ce rapport rien autre chose que l'élargissement de la rue Saint-Denis, qui d'ailleurs n'est pas une opération inhérente à la construction des Halles nouvelles, et pourra, sans péril, être ajournée à une époque plus favorable ;

4° Par suite que, sous le rapport de la dépense, il y a en présence le projet de M. Horeau qui doit coûter *au moins*. 47,000,000
Et le projet de l'Administration qui coûtera *au plus*. . 26,000,000

Différence. 21,000,000

Mais ce n'est pas tout ; sur les 52,800^{ms} nécessaires à l'exécution du projet de 1845, l'Administration en a déjà acquis, soit en 1811, soit en 1847 et 1850, pour une valeur environ de. 18,000,000

M. Senard (1) estime que, si l'on exécute le projet Horeau, la Ville pourra revendre les parties de terrain non comprises dans les nouvelles voies publiques, environ. 4,000,000

Différence. 14,000,000

(1) Mémoire de M. Senard, page 37.

Ce serait donc une perte sèche de.	14,000,000
rien que pour changer l'emplacement adopté pour les Halles Centrales.	
Si on la réunit à la différence ci-dessus de.	21,000,000
on arrive à un total de..	35,000,000

qui représente ce qu'il en coûterait *en plus* à la Ville de Paris, si elle abandonnait le projet de 1845. Et encore, dans ce calcul, on ne tient aucun compte de la valeur, très-considérable pourtant, de l'emplacement des Halles au Beurre, au Poisson et à la Verdure.

§ 6. Conditions proposées à l'Administration municipale.

L'Administration Municipale est à même d'apprécier parfaitement les avantages et les inconvéniens de la soumission de MM. Callou et Lacasse; comme elle s'applique à un projet, dont nous croyons avoir mis en lumière les nombreux défauts, nous ne nous serions pas occupé de cette soumission, si à ce sujet M. Senard n'eût commis encore quelques erreurs, et conclu par l'éloge ordinaire, à savoir :

« Que (1) le taux de l'intérêt, le chiffre des primes, le mode de rem- » boursement offrent à la Ville les *conditions les meilleures* et les *facilités* » *les plus grandes* qu'on *puisse* réunir. »

Quelles que soient les garanties personnelles offertes par les soumissionnaires, un forfait est, en toutes circonstances, une fort mauvaise chose quand il s'agit d'édifices publics; la Ville de Paris a pu souvent se convaincre de cette vérité. Outre les malfaçons de toute espèce, qu'il est fort difficile d'empêcher, il en résulte des discussions souvent fort épineuses sur le sens des conditions du marché, une impossibilité presqu'absolue de modifier en cours d'exécution le projet primitif, sans donner lieu à des réclamations d'indemnité; et cela est surtout inévitable lorsque, comme dans l'espèce, on a pris pour base du forfait une estimation insuffisante. Il faut alors que les soumissionnaires ruinent les entrepreneurs sous-traitans, ou bien que l'Administration, de gré

(1) Mémoire de M. Senard, page 38.

ou de force, par voie gracieuse ou à la suite de contestations judiciaires, supplée aux conditions désavantageuses du forfait.

Et, si les choses se passent ainsi dans les circonstances ordinaires, dans les temps de prospérité, peut-on espérer qu'il en serait autrement dans les circonstances actuelles?

Mais ce n'est pas seulement pour les 11 millions de travaux qu'on demande à l'Administration Municipale de s'engager; c'est encore pour les 36 millions d'indemnités; en sorte qu'elle devrait s'obliger à payer à la compagnie soumissionnaire, *pendant quarante-six ans*, les annuités correspondantes à la dépense totale, dépense qui ne pourra être réglée d'une manière *définitive* qu'après l'achèvement des expropriations.

Pour atténuer le chiffre de ces annuités, on se base sur une économie de 7 millions qu'on espère obtenir, tant sur les expropriations du quartier du Chevalier-du-Guet que sur la revente des terrains occupés par les Halles actuelles ou achetés pour leur extension; en sorte que la dépense totale, réduite à 40 millions, ne donnerait lieu, à 7 p. 0/0 pour intérêts, primes et amortissement, qu'à une annuité de 2,800,000 fr.

Nous avons insisté sur ce qu'on ne pouvait connaître à l'avance, avec quelque certitude, le chiffre des expropriations, surtout dans un quartier où l'on n'a pas encore opéré, et, par suite, sur l'inconséquence qu'il y aurait à réduire *à priori* d'un *neuvième* une estimation résultant des seules données de nature à offrir quelque probabilité d'exactitude (1).

Quant aux terrains provenant des anciennes Halles, la Ville est incontestablement maîtresse d'en disposer comme elle l'entendra ; il ne peut en être de même des terrains expropriés en vue d'y former un établissement public, qui, ensuite, se trouverait transporté sur un autre point. Aussi, il paraît nécessaire, pour éviter tout mécompte et laisser à la Ville toute liberté, de fixer l'annuité en partant de l'évaluation totale de la dépense faite par M. Horeau, et montant à. . . 47,000,000 fr.

c'est-à-dire de la porter, à raison de 7 p. 0/0, à. . . 3,290,000 fr.

Eh bien! serait-ce un acte de sage administration que d'engager la

(1) Mémoire de M. Seuard, page 34.

Ville pour *quarante-six ans* à payer une annuité pareille, surtout en présence de ce fait qu'il lui suffit d'inscrire cette somme à son budget pendant *sept* ou *huit ans au plus,* pour terminer un projet auquel elle a déjà consacré tout récemment 8 millions, sans compter les 10 ou 12 millions dépensés en 1811?

Voilà la question financière dans toute sa vérité.

On dira peut-être que la Ville a immédiatement besoin de Halles, et que de longtemps l'état de ses finances ne lui permettra pas d'y consacrer 3 millions par an; tandis que, dans le système proposé par MM. Callou et Lacasse, la fraction d'annuité délivrée ne sera, chaque année, que proportionnelle aux travaux exécutés ou aux acquisitions faites, en sorte que le droit à l'annuité totale ne sera ouvert qu'après l'achèvement des travaux, soit dans huit ans.

S'il en est ainsi, pour exécuter le projet de l'Administration avec un avantage *immédiat* du même genre, que la Ville contracte un emprunt de 26 millions, à verser en huit années, spécialement affecté à la construction des Halles Centrales, et sous la condition formelle que, pendant les huit premières années, elle se bornera à desservir les intérêts, et que l'amortissement ne commencera que la neuvième année; qu'à partir de cette neuvième année, une somme annuelle de 3,290,000 fr., exactement égale à l'annuité totale correspondante au projet de M. Horeau, soit consacrée à solder les intérêts et à amortir cet emprunt; et, quand bien même la Ville serait obligée de le contracter au taux assez onéreux demandé par MM. Callou et Lacasse, au taux de 6 p. o/o pour intérêts et primes, elle serait complétement libérée après avoir payé douze annuités de ce genre, tandis qu'elle devrait en donner quarante-six dans la combinaison proposée par M. Horeau, c'est-à-dire qu'elle serait libérée *trente-quatre ans* plus tôt.

On prétend, il est vrai (1), que la Ville de Paris est, quant à présent, dans l'impossibilité absolue de songer à *aucun emprunt* sous peine d'altérer son crédit. Mais n'est-ce pas, sauf le nom, un *emprunt véritable* qui est proposé par MM. Callou et Lacasse? Et peut-on admettre que la Ville trouverait plus difficilement 26 millions en contrac-

(1) Mémoire de M. Senard, page 45.

tant *elle-même,* que 47 millions en se servant de *l'intermédiaire* de ces Messieurs?

Et de ces 26 millions, la Ville n'aurait certainement pas à en réaliser 20 en espèces. Due à la seule initiative d'un commerçant des Halles, et déposée chez lui pendant quelques jours, une pétition à M. le Préfet de la Seine a été couverte de 114 signatures : 44 propriétaires et 70 locataires à exproprier pour l'achèvement du projet de l'Administration, se sont engagés à donner à la Ville, sauf le paiement annuel des intérêts, toutes facilités pour solder leurs indemnités, qui seraient réglées, soit à l'amiable, soit par le jury. Ces 114 personnes accepteraient en paiement des obligations de l'emprunt, et sans aucun doute la plupart des autres indemnitaires suivraient leur exemple. La valeur totale des propriétés restant à acquérir étant de 11 millions, il est à peu près certain que la Ville n'en aurait pas à solder immédiatement pour plus de 5 millions, lesquels, avec les 15 millions de travaux, n'exigeraient, comme on vient de le dire, que 20 millions de nouvelles ressources.

D'ailleurs, quelque combinaison que l'on adopte, n'est-il pas évident que les finances de la Ville seront toujours moins compromises et moins engagées pour une dépense de 26 millions que pour une de 47? cela n'a pas besoin de démonstration.

Enfin, il convient de remarquer qu'en toute circonstance la Ville de Paris sera toujours plus sûre de mener la construction des Halles à bonne fin, en usant de son propre crédit, qu'en confiant cette opération à une Compagnie, quelque puissante qu'elle soit.

MM. Callou et Lacasse annoncent (1) avoir dès à présent à leur disposition les 47 millions nécessaires à l'exécution du projet Horeau; sans mettre en doute la vérité de cette assertion, qui sait s'il en sera toujours de même jusqu'à la fin des travaux, qui, quoi qu'on fasse, ne peuvent être terminés avant sept ou huit ans?

---

(1) Mémoire de M. Senard, page 40.

§ 7. Objections.

Il nous reste à examiner les objections que s'est posées M. Senard, et qu'il croit avoir victorieusement réfutées.

Sans doute la Ville n'est pas engagée d'une manière irrévocable, et, avec l'approbation du Gouvernement, elle peut revenir sur sa décision première; mais pour cela il faudrait qu'elle y trouvât des avantages réels, et, depuis le commencement de cette réponse à M. Senard, nous avons maintes fois signalé les erreurs, les inexactitudes, les impossibilités qui distinguent le projet Horeau.

Mais l'Administration est certainement liée par une obligation morale envers les propriétaires et les commerçans des Halles : car M. Senard reconnaît lui-même (1) « que la Ville a une obligation morale à remplir, quand, sur la foi de ses actes ou de ses promesses, » il s'est accompli des faits ou créé des entreprises qu'un changement de résolution modifierait gravement ou ferait périr. »

Les actes de la Ville, ce sont toutes les formalités à la suite desquelles le projet de l'Administration a été approuvé, et les huit millions d'expropriations déjà consommées; ses promesses, ce sont celles qui ont été faites à tous les propriétaires des rues Rambuteau et Montmartre, dont on a seulement exproprié les façades; et ils sont en grand nombre, quoique l'on dise que partout les acquisitions ont compris la totalité des propriétés atteintes, assertion exacte seulement pour les îlots des Halles. Les promesses de la Ville, ce sont les plus-values plaidées par son avocat et admises par le jury en raison des façades créées vis-à-vis ou à proximité des Halles futures.

Le droit de ces propriétaires leur paraît si bien établi, si bien fondé en équité, que sans aucun doute, en exécutant le projet Horeau, la Ville de Paris s'engagerait dans une série de procès ayant pour but la révision des décisions du jury déjà intervenues, et la restitution des plus-values attribuées aux parties non atteintes des immeubles expropriés.

Pour citer un fait, entre plusieurs autres du même genre, croit-on

(1) Mémoire de M. Senard, page 42.

que, sans l'assurance de se trouver en façade sur les Halles, les enchérisseurs auraient payé, au prix exhorbitant de 1,600 fr. le mètre superficiel, le terrain faisant l'encoignure de la rue Rambuteau et de la place Saint-Eustache? terrain que, bâti et avec les indemnités industrielles, la Ville n'avait peut-être pas payé mille francs.

M. Senard ajoute :

« Que (1) le changement de projet ne peut porter aucun préjudice » aux propriétaires dans l'intérêt desquels on réclame, et que l'objec» tion suppose une *ignorance absolue* ou une *connaissance bien incom» plète* du projet Horeau ;

» Que le quartier ne perd aucun des avantages que les Halles peu» vent lui donner ; qu'elles continuent de lui appartenir ; que le dépla» cement qu'elles subissent n'est pas assez considérable pour porter le » *moindre préjudice* aux établissemens et aux industries qui s'y ratta» chent ;

» Et même que les nouvelles voies créées autour de Saint-Eustache » donneraient aux propriétés voisines un accroissement de valeur *bien » autre* que celui qu'elles pourraient attendre de l'installation des Halles » sur les espaces que l'on livrera à la circulation. »

Nous croyons avoir déjà victorieusement réfuté ces sophismes ; aussi nous nous contenterons de dire ici que, pour écrire de pareilles phrases, il faut avoir *une ignorance absolue* ou une *connaissance bien incomplète* du commerce des Halles.

Le projet Horeau, les propriétaires intéressés au maintien des Halles dans leur emplacement actuel, ne le connaissent que trop bien ; et, nous qui en sommes les représentans, les délégués, nous qui, sans doute, savons mieux à quoi nous en tenir à cet égard que MM. Senard et Horeau, nous affirmons que le déplacement, auquel il attache si peu d'importance, ferait perdre 50 p. o/o de leur valeur à la plupart des propriétés « dont les établissemens industriels n'ont été créés » qu'en vue (2) des Halles et ne vivent que par elles. »

---

(1) Mémoire de M. Senard, page 42.
(2) Rapport de M. Boutron, page 30.

(1) « Si la Ville n'exécute pas le projet pour lequel les expropria-
» tions ont eu lieu, a-t-elle le droit de disposer des immeubles par
» elle acquis? La loi de 1841 ne l'oblige-t-elle pas à les rendre à leurs
» propriétaires? »

A cette question, très-grave sans contredit, M. Senard répond que la difficulté n'est pas sérieuse, et il croit en faire justice en jouant sur les mots d'*acquisitions de terrains* et d'*acquisitions d'édifices*, en disant que l'emplacement de ces édifices, aujourd'hui démolis, se reconnaîtrait difficilement; que d'ailleurs il s'agit d'un droit, non pas de *reprendre,* mais bien de *racheter.*

Le texte de la loi du 3 mai 1841 est assez clair, mais, fût-il obscur, ce n'est pas avec des subtilités, mais en interrogeant sa conscience et l'esprit de cette loi, qu'il faudrait résoudre de pareilles difficultés.

Quand la loi dit *acquisitions de terrains,* il est évident qu'elle se sert d'un terme générique; cela veut dire terrains *quelconques, bâtis* ou *non;* l'application de l'article 60 aux bâtimens résulte d'ailleurs de la discussion intervenue à cet égard à la Chambre des Députés.

Quant à l'emplacement des maisons démolies, rien n'est plus facile que de le reconnaître avec une parfaite exactitude : les plans que possède la Ville sont repérés de la manière la plus précise, et il ne faudrait que quelques jours pour tracer sur le terrain les emplacemens qu'occupaient tous les immeubles démolis

Enfin, nous ne comprenons pas une subtilité de langage qui établit une distinction quelconque entre *reprendre* ou *racheter,* dès que l'on doit se conformer aux prescriptions légales.

Que l'Administration change un projet approuvé, rien ne s'y oppose; qu'après avoir acquis l'emplacement d'un immeuble pour cause d'une utilité publique spéciale, elle en change la destination en le consacrant à un autre ouvrage d'utilité publique, cela se peut encore, sous la condition toutefois que la seconde déclaration d'utilité publique aura lieu selon toutes les formalités légales; mais que l'Administration dispose de cet emplacement pour le revendre à un tiers, lequel puisse

(1) Mémoire de M. Senard, page 43.

en jouir dans son intérêt privé; ce n'est ni légal, ni équitable.

On serait donc obligé de rétrocéder aux propriétaires, déjà expropriés pour les Halles, les parcelles qui leur appartenaient; et, dès que tous ces intérêts, sûrs d'avoir satisfaction, peuvent être mis en jeu, que deviennent vos projets de rues, de square, etc.? Ont-ils ce caractère d'utilité publique nécessaire pour obtenir l'assentiment des Commissions d'enquête, de l'Administration, des Pouvoirs législatif et exécutif?

Que devient surtout votre offre de reprendre les terrains dont il s'agit moyennant un prix déterminé?

Appelé à fixer la valeur de rétrocession, quel est le jury assez peu consciencieux pour ne pas traiter favorablement des propriétaires dont l'Administration aurait ainsi, *sans but*, troublé la possession et anéanti le commerce.

Et dès-lors quelles pertes immenses pour la Ville de Paris!

§ 8. Résumé.

M. Senard termine par une péroraison où il prétend : (1)

« Que les *faiseurs d'objections* savent très-bien à quoi s'en tenir ;
» qu'ils savent que l'état des finances de la Ville ne lui permet de *rien*
» *entreprendre ;*

» Que le refus de l'opération Horeau équivaudrait, de la part de
» l'Administration, à un ajournement indéfini de la création des Halles
» Centrales ;

» Que, réduits à l'*impuissance* de soutenir le plan de 1845 ou de
» combattre le projet Horeau par des raisons de quelque poids, ils se
» *cramponnent* à tout ce qui peut, au moment de la résolution défini-
» tive, jeter de l'hésitation dans les esprits. »

Et il ajoute :

« Tandis que l'intérêt du commerce et la salubrité publique ré-
» clament avec instance des améliorations promises depuis 40 ans, tan-
» dis que toutes nos industries aspirent à une reprise de travail qui

(1) Mémoire de M. Sénard, pages 45 et 46.

» n'importe pas moins à la tranquillité qu'à la prospérité du pays, tou- » tes sortes de *misérables intérêts de concurrence, d'amour-propre,* » *d'obstination* ou *de routine, s'agitent* et espérent arriver par *mille* » *petits moyens* à rendre stériles les meilleures pensées et à *paralyser les* » *efforts les plus généreux.* »

Bien que notre mission ne soit pas de défendre les personnes honorables qui ont pu s'occuper de la question des Halles, les assertions qui précèdent nous paraissent si peu justes et si peu mesurées, qu'en toute conscience nous croyons devoir répondre à MM. Senard et Horeau :

Mais qui donc vous a donné le droit d'attribuer une telle déloyauté à ceux que vous considérez comme vos adversaires; d'imprimer et de répandre par milliers d'exemplaires de pareilles accusations?

A vous entendre, on croirait que vous avez des droits acquis qu'on attaque et qu'on cherche à vous ravir; tandis qu'au contraire, c'est vous qui jouez un tel rôle depuis cinq ans.

Mais, repoussés par le Conseil Municipal en 1845, qui donc a pu vous faire rentrer dans une lice close, si ce n'est un *misérable intérêt de concurrence, d'amour-propre ou d'obstination?*

Vous appelez *faiseurs d'objections* les esprits loyaux, honnêtes et désintéressés dont la mission est d'éclairer l'Administration sur les véritables intérêts de la Ville, ceux qui rappellent à une Administration nouvelle les engagemens pris par l'Administration précédente, et cherchent à la prémunir contre des séductions habiles, mais pernicieuses.

Si l'état des finances de la Ville ne lui permet pas d'entreprendre une œuvre de 26,000,000, à plus forte raison ne doit-elle pas s'engager dans une dépense de 47,000,000, dont elle ne serait libérée que dans un demi-siècle.

La conviction de ces hommes honorables, c'est que l'adoption du projet Horeau priverait à tout jamais Paris de Halles Centrales; c'est pour cela qu'ils le combattent, et ce mémoire, en réponse à toutes vos assertions erronées, prouve si l'on en est réduit à l'*impuissance* de soutenir le plan de 1845.

Sans doute tous les intérêts du commerce, de la salubrité, de l'industrie, l'intérêt surtout des ouvriers qui attendent avec impatience la reprise des grands travaux, exigent que l'on mette prochainement la main à l'œuvre pour la construction des Halles Centrales; les projets de l'Administration sont complets, prêts à être adjugés; l'emplacement est libre pour édifier deux ou trois pavillons; rien ne s'oppose donc à ce que tous ces intérêts reçoivent une prompte satisfaction; et ils la recevraient bientôt, si vous ne profitiez de toutes les occasions *pour vous agiter et paralyser les efforts les plus généreux.* Repoussés dans les temps de prospérité, vous espérez avoir plus de chances aujourd'hui, et Dieu sait *les mille petits moyens* employés par vous pour égarer l'opinion publique, pour surprendre à l'Administration une décision qui apporterait un trouble à jamais regrettable dans les finances de la Ville.

« (1) C'est au Conseil Municipal, c'est à M. le Préfet de la Seine à » déjouer tous ces calculs par la promptitude et la netteté de leurs » résolutions. » Sur ce point, nous sommes d'accord avec vous.

Pour trancher à tout jamais la question, il suffit de voter les 800,000 fr. nécessaires pour la construction de l'un des petits pavillons du projet de l'Administration dont l'emplacement est déblayé : cette mesure, si sage, aura en même temps pour effet de rassurer tous les intérêts engagés dans la question des Halles, de lever l'interdit sous lequel vous avez placé toutes les propriétés menacées par l'un et l'autre projet.

Aussi nous espérons que ce vote, qui n'excède certainement pas les ressources de la Ville, l'Administration Municipale n'hésitera pas à le provoquer, le Conseil à le rendre, sauf à pourvoir ultérieurement aux voies et moyens destinés à donner, dès l'année prochaine, une impulsion rapide à l'achèvement des Halles Centrales.

§ 9. Concours de l'État.

Quelques mots seulement du concours que M. Senard réclame à l'État en faveur de la Ville de Paris, et qu'il fixe à un million de rentes, en se fondant (2), dit-il, sur l'opinion des membres les plus compétens du Conseil Municipal.

---

(1) Mémoire de M. Senard, page 46.
(2) Mémoire de M. Senard, page 57.

Si cette subvention est due, elle l'est également dans tous les cas, et indépendamment du projet qui sera exécuté : on n'ira sans doute pas jusqu'à prétendre que l'État ne doit venir en aide à la Ville de Paris, que pour le cas où son choix se porterait sur le projet de M. Horeau, le plus onéreux pour ses finances.

Si cette subvention est accordée; avec la combinaison de M. Horeau, elle laissera encore à payer à la Ville de Paris *quarante-six* annuités de plus de *deux millions;* en continuant le projet de 1845, elle sera pour la Ville une indemnité équivalente aux deux tiers au moins de la dépense totale; elle lui permettra d'achever les Halles Centrales avec une charge presque insignifiante pour son budget (1).

Aussi, appelons-nous cette subvention de tous nos vœux.

---

(1) Au cours de 90 fr., un million de rentes représente une valeur de 18,000,000 fr
La Ville n'aurait dès-lors à débourser, pour terminer le projet de 1845, qu'une somme de. 8,000,000

Total égal à la dépense *maximum* du projet. . . 26,000,000 fr.

Le projet Horeau devant coûter au moins. . . . . 47,000,000 fr.
si on retranche la valeur du million de rentes, comme ci-dessus de. . . . 18,000,000

Il reste à pourvoir à une dépense de. . . . . 29,000,000 fr.

laquelle, à 7 p. 0/0 pour intérêts, primes et amortissement, correspond à une annuité de. 2,030,000

Tableau A.

EXTRAIT de l'État des Crues de la Seine, observées au pont de la Tournelle, de 1732 à 1850 (moins les dix années de 1767 à 1776 qui manquent).

ANNÉES	HAUTEURS PAR RAPPORT AU ZÉRO DE L'ÉCHELLE.						
	de 8m 00 et au-dessus.	de 7m 00 à 8m 00	de 6m 50 à 7m 00	de 6m 00 à 6m 50	de 5m 50 à 6m 00	de 5m 00 à 5m 50	
1658..	8m 23						Observation isolée.
1735..					5m 71		
1740..	8m 04						
1741..			6m 85				
1747..					5m 69		
1749..					5m 79		
1751..			6m 80				
1755..						5m 23	
1756..						5m 23	
1758..						5m 17	
1760..					5m 98		
1764..		7m 04					
1783..					5m 55		
1784..			6m 66				
1795..						5m 36	
1799..			6m 97				
1801..				6m 22			
1802..		7m 32					
1806..					5m 89		
1807..			6m 70				
1809..						5m 00	
1811..						5m 34	
1816..						5m 48	
1817..				6m 30			
1818..						5m 20	
1819..					5m 69		
1820..					5m 50		
1833..						5m 03	
1834..						5m 10	
1836..				6m 40			
1839..						5m 12	
1844..					5m 97		
1845..						5m 45	
1846..						5m 20	
1847..						5m 20	
1848..					5m 65		
1850..				6m 07			

TABLEAU B.

ÉTAT indicatif des Exhaussemens à opérer dans le pavage des voies publiques, par suite des dispositions proposées par M. Horeau pour l'établissement des Halles Centrales.

NUMÉROS D'ORDRE des repères.	EMPLACEMENT DES REPÈRES DE NIVELLEMENT de la Ville de Paris.	HAUTEUR des repères au-dessus des ruisseaux actuels.	COTE PAR RAPPORT AU ZÉRO du pont de la Tournelle — des repères.	des ruisseaux	du pavage dans le projet Horeau.	EXHAUSSEMENS nécessités par le projet Horeau.	OBSERVATIONS.
1	Quai de la Mégisserie, en face de la rue Saint-Denis.....	1m 63	10m 74	9m 11	10m 40	1m 29	Seront exhaussés :
2	*Id.* en face de la rue de la Saunerie...	1 59	9 24	7 65	10 40	2 75	7 points de moins de 1m00.
3	*Id.* en face de la rue de l'Arche-Pépin.	1 55	7 99	6 44	10 40	3 96	5 points de 1m00 à 2m00.
4	*Id.* en face de la rue Bertin-Poirée...	1 46	7 99	6 53	10 40	3 87	2 points de 2m00 à 3m00.
5	Rue Bertin-Poirée, au coin de la r. St-Germain-l'Auxerr.	0 87	9 24	8 37	10 40	2 03	2 points de plus de 3m80.
6	*Id.* en face de la rue Jean-Lantier.....	1 04	10 74	9 70	10 40	0 70	
7	Rue des Mauv.-Paroles, en face de la r. des Déchargeurs.	1 14	11 24	10 10	10 40	0 30	
8	Rue des Déchargeurs, au coin de la rue du Plat-d'Étain.	1 19	10 99	9 80	10 40	0 60	
9	Rue de la Lingerie, au coin de la rue aux Fers........	1 25	10 24	8 99	10 40	1 41	
10	*Id.* au coin de la rue de la Petite-Friperie	1 30	9 74	8 44	10 40	1 96	
11	Rue Saint-Denis, au coin de la rue Aubry-le-Boucher..	1 04	10 24	9 20	10 40	1 20	
12	*Id.* au coin de la rue de la Reynie.......	1 18	10 74	9 56	10 40	0 84	
13	*Id.* au coin de la rue d'Avignon........	0 95	10 99	10 04	10 40	0 36	
14	*Id.* au coin de la rue Perrin-Gosselin....	0 88	10 74	9 86	10 40	0 54	
15	*Id.* au coin de la rue St-Germain-l'Auxerr.	0 98	10 24	9 26	10 40	1 14	
16	*Id.* au coin de la place du Châtelet......	1 42	10 99	9 57	10 40	0 83	
	TOTAL des Exhaussemens......................					23m 78	
	EXHAUSSEMENT moyen.........................					1m 486	

Paris, Imprimerie de Gab. Jousset, rue de Furstemberg, 8 bis.

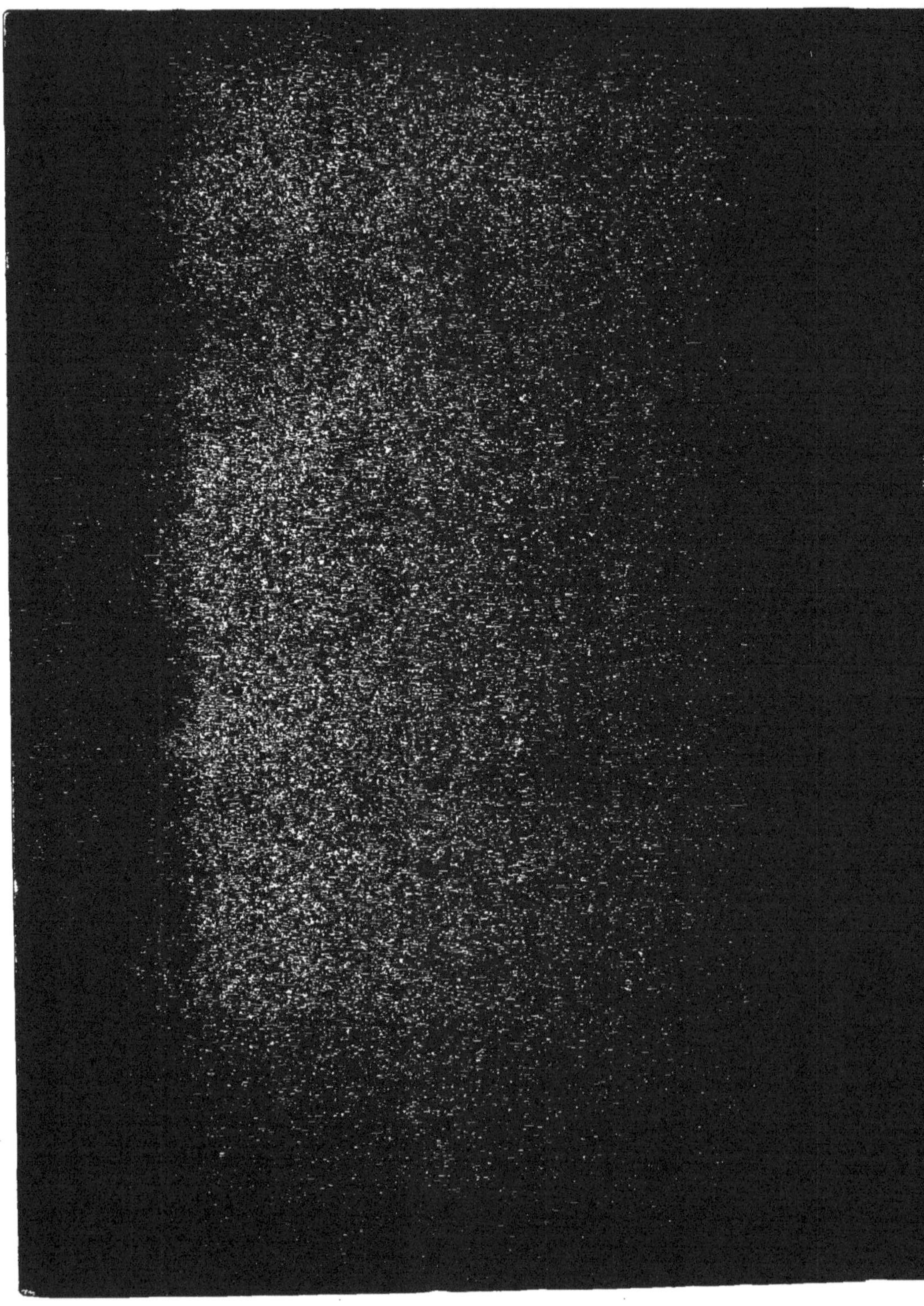

www.ingramcontent.com/pod-product-compliance
Ingram Content Group UK Ltd.
Pitfield, Milton Keynes, MK11 3LW, UK
UKHW031057260726
13965UKWH00006B/1489